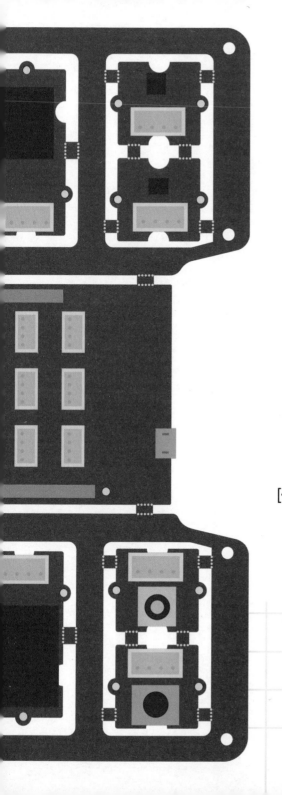

U0378551

Arduino

图形化编程

轻松学

冯 磊
[俄] 德米特里·马斯洛夫（Dmitry Maslov）
蒋炜波

——著

清华大学出版社
北京

内 容 简 介

本书基于 Grove Arduino 入门套件、几个扩展模块，以及图形化编程软件 Codecraft，通过 28 个有趣项目带读者入门 Arduino 开源硬件，内容组织：01 章（第 1~14 课），每课通过一个或多个任务，带领读者逐步学习 Grove Arduino 入门套件中 10 个最常用的电子模块，并生动地讲述相关背景知识——LED 灯、蜂鸣器、OLED 显示屏等；02 章（第 15~19 课），首先介绍产品原型的设计启蒙，然后制作 3 个较为复杂的项目，如智能加湿器、遥控电风扇、自动报警器等，提升读者的综合运用能力；03 章邀请了 5 位资深创客分享他们制作项目的经历和感悟，如宇树科技的王兴兴制作机器狗的经历、肯綮科技的余运波研发动力外骨骼的故事等。

书中所有项目均提供了源程序，方便读者参考学习；还为复杂项目提供了可用于激光切割的文件，读者可用它烧刻出适合项目的木质结构件。背景知识包括生活常识和很多物理学科知识点，方便老师进行学科融合教学。

本书适合零经验、期望快速入门开源硬件的个人爱好者，也适合学校或培训机构教学。

图书在版编目(CIP)数据

Arduino 图形化编程轻松学 / 冯磊，(俄罗斯) 德米特里·马斯洛夫，蒋炜波著 . —北京：清华大学出版社，2022.4
　　ISBN 978-7-302-60266-8

　　Ⅰ . ① A… 　Ⅱ . ①冯… ②德… ③蒋… 　Ⅲ . ①单片微型计算机－程序设计 　Ⅳ . ① TP368.1

中国版本图书馆 CIP 数据核字 (2022) 第 036828 号

责任编辑：王中英
封面设计：孟依卉
版式设计：方加青
责任校对：胡伟民
责任印制：沈　露

出版发行：清华大学出版社
　　　　　网　　　址：http://www.tup.com.cn，http://www.wqbook.com
　　　　　地　　　址：北京清华大学学研大厦 A 座　　　　　　邮　　编：100084
　　　　　社 总 机：010-83470000　　　　　　　　　　　　邮　　购：010-83470235
　　　　　投稿与读者服务：010-62776969，c-service@tup.tsinghua.edu.cn
　　　　　质 量 反 馈：010-62772015，zhiliang@tup.tsinghua.edu.cn
印 装 者：三河市龙大印装有限公司
经　　销：全国新华书店
开　　本：180mm×210mm　　　印　　张：13.75　　　字　　数：500 千字
版　　次：2022 年 4 月第 1 版　　　印　　次：2022 年 4 月第 1 次印刷
定　　价：99.00 元

产品编号：092019-01

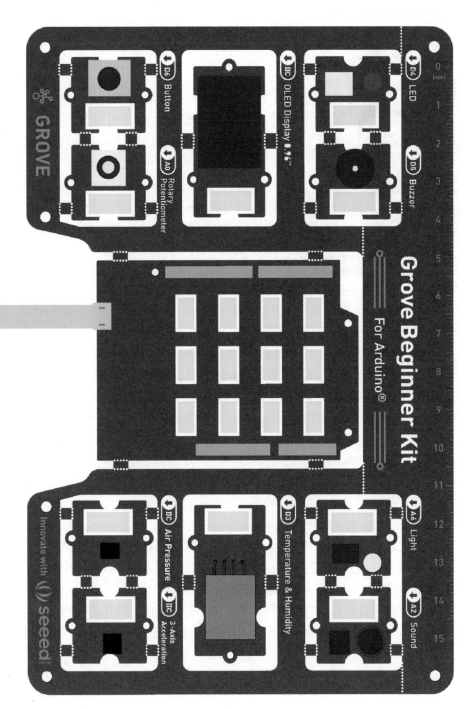

与实物比例：1:1

推荐序一

李荣仲

可编程硬件曾是专业工程师上天入地的利器，但需要全面的软硬件知识和很高的研发成本。Arduino 平台通过对底层硬件的简化和封装，极大地降低了可编程硬件的门槛，使这些工具成为了大众的玩具，催生了各种创意和创业项目，是全球创客运动的重要组成部分。我也正是通过 Arduino 入门，研发了 OpenCat 系列机器人，走上了全职创业的道路。

虽然 Arduino 有着非常活跃的全球社区，但国内的用户并没有太多接触它的窗口。矽递科技是较早把 Arduino 引入国内的公司，其定义了一套 Grove 标准接口，方便各种传感器和执行器的接入；而在软件端，矽递科技又开发了一套积木式图形编程界面 CodeCraft，进一步简化了程序的语法细节，保留了对编程思想的提炼。本书综合介绍了这两个体系，方便零基础的用户入门。

这本书首先带你用代码点亮一盏灯，这与我们的祖先学会用火同样意义重大——你将驯服看不见摸不着的电子，把它纳入能被理性操控的实体，并开发它蕴藏的巨大能量。但相比于火的狂放不羁，电子漫游于错综复杂的电路，显得低调而神秘。在后续的章节里，你将通过它的视角，了解电路是如何感知周围环境、传递信号，并反作用于环境的。你将使用电路能理解的编程语言，把逻辑的碎片嵌入敏捷、准确、不知疲倦的程序中，教它代你理解、判断、重复、表达。一方面，个人所能操纵的逻辑单元得以无限扩增，加速对现有资源的利用；另一方面，宝贵的创造力得以从简单的重复中解放出来，探索未知领域的宝藏。

编程是一项实践性很强的技能，本书由浅入深的内容安排可以帮你迈出忐忑的第一步。软硬件结合的呈现方式特别适合把抽象的逻辑过程具象化，而丰富的示例则可以给你带来启发，利用各种功能模块的排列组合解决实际的问题。

历史的进程伴随着信息的创造和传播，未来的蓝图由公理和逻辑展开。我们曾束缚于贫瘠的想象，文明起源于偶然的几次电击。祝大家学得开心，玩得高级！

李荣仲 博士

Petoi & 派拓艺创始人

2021 年 4 月 30 日

推荐序 二

Wayne Seltzer

当下有大量计算机编程语言和硬件开发平台可供初学者选择，其中赫赫有名的就有 Arduino 平台[①]。对 STEM 教育（科学、技术、工程和数学教育）而言，最大的挑战就是如何养成终身学习的习惯，以此不断培养自己的能力和技能。

矽递科技设计的 Grove Arduino 入门套件和 Codecraft 软件开发平台，是一个很好的组合，可以满足新手、中级和专家级学习者的需求，如下表所示。

学习者	能力 / 技能	软件开发平台需求	硬件开发平台需求
新手	初次编程；举一反三与实验学习	消除语法错误，具备有限的功能，避免概念混淆和误解	降低复杂性，以获得可靠的成功结果。消除连接和配置问题
中级	充分利用新手所学的技能来创建新的项目。能运用平台支持的大量软件和硬件组件	支持使用附加组件，这些组件易于使用，并用示例代码进行详细说明。调试和故障排除工具必不可少	利用平台所支持的组件实现扩展功能
专家	能够不受限制地进行设计和实现	能够无碍使用编程语言和扩展	使设计能够免受各种限制，具备广泛的硬件与平台兼容性

对于新手来说，图形化编程平台 Codecraft 简单易学。入门套件上微控制器和模块已经通过电路板连接，解决了模块间接线的问题，使学习者能够专注于开发 Arduino 程序。

当学完本书的课程后，就可以顺利进入下一阶段——在设计中添加更多的模块和外部元件，开发复杂的 Arduino 程序。

---

① Arduino 平台：一个提供开源的，并易于使用的电子硬件和软件平台，旨在让任何人都可以制作自己的互动项目，平台链接 www.arduino.cc 。

致教育工作者 / 教师：

相信矽递科技的 Grove Arduino 入门套件和 Codecraft 软件开发平台，能成为你向学生教授 STEM 技能的利器。鼓励学生在编程过程中，多单击 CodeCraft 中的代码按钮，以查看由开发工具自动生成的 Arduino 程序。让学生尝试解释每一行代码都在做什么，有助于帮助他们更快地成为中级和专业的 Arduino 开发人员。

与他人分享你的课程和成功案例，并充分利用全球资源。

致家长：

鼓励孩子与你分享他们所学到的知识，引导他们提出好问题和富有挑战性的想法。当然，最好能和他们一起学习 STEM 技巧！

致学生：

保持好奇心！积极实践！当你创造的东西和你预期的不一样时，恭喜你，这是你学到新东西的大好时机！如果你遇到问题，可以向你的朋友、家人、同学、老师请教或者上网搜索，要相信周围有很多资源可以帮助你。最重要的是，希望你能利用这次经历中学到的新技能，继续挑战自己，创造出更棒的项目。

积极地为自己的项目拍摄照片或视频、撰写说明、绘制草图或流程图……要不遗余力地通过各种在线平台与他人分享你的项目记录，让你的创造力成为他人的灵感。有朝一日，你或许就会创造出一个伟大的 Arduino 库或示例程序，被其他制作者广为使用或借鉴。开源的精髓，就是和你身边甚至是世界各地的人们共同努力，创造一个更美好的世界。

致矽递科技和 Codecraft 团队：

你们精心设计的产品和书让全世界的学生和爱好者都能更容易地学习 Arduino 技能，无论是新手还是专家。衷心感谢为此付出巨大努力的工程师、软件开发人员、课程编辑、产品经理、制造技术人员和所有使这一切成为可能的人们。

谢谢你们！

Wayne Seltzer

科罗拉多大学博尔德分校 CU 科学探索中心讲师，ATLAS 研究所 BTU 实验室总监
科罗拉多大学 STEM 教育网站 buildarobotk12.com 的指导老师，STEM 技术专家兼顾问
博尔德谷学区终身学习社区、咨询委员会的社区代表

· ·

亲爱的发明家们，

　　很高兴有机会写这篇推荐序。

　　作为既是老师也是学生的我，对借助技术和教育改善人类生活，并使世界变得更美好的力量深感着迷。

　　我们的世界每时每刻都在变得更加紧密相连，更加自动化，更加复杂。但这个过程充满坎坷，且极具挑战。我们每解决一个"旧世界"的问题，就会冒出一个"新世界"的问题，挑战我们的头脑和想象力。

　　是的，未来蕴藏着过去从未有过的令人不安的问题，但它也提供了令人难以置信的机遇。 其中一些机遇可以在地球上获得，但借助科学和技术，人类现在可以探索更为高远的边界。

　　就在几天前，美国国家航空航天局（NASA）的"毅力号"火星探测器登陆火星，经过 7 个月，4.8 亿千米的星际旅行，以每小时 39600 千米的速度飞抵火星，并准确地降落在杰泽罗陨石坑内。这辆火星车搭载了一系列神奇的技术：可视光谱相机、激光成像仪、地下实验雷达成像仪、火星环境动态分析仪、利用火星二氧化碳制造氧气的装置、紫外光谱仪和 X 射线光谱仪，以及各种通信仪器，一台可以做出决策、

控制所有火星车操作并与地球上的队友进行通信的计算机，等等。它甚至还配备了一架无人机，这是火星上的第一架飞行器！

你能想象吗？

一个由科学家和工程师组成的团队创造了一台机器，前往另一个星球进行实验，以获得关于我们这个世界的更多认知。这个单一的任务包含了无数的问题，这些问题中的每一个都必须利用现有的和新的技术来解决。

在这个过程中，我们学到了很多东西，人类探索太空的脚步又迈进了一步。

毅力号的任务是科学和工程学的奇迹之一，我们用技术来解决平凡的日常问题，并扩大我们在宇宙中的影响力。我们用技术来治疗、保护和哺育我们的身体，连接和娱乐我们的心灵，并塑造我们的环境。

世界正变得更加复杂。由于教育和技术的发展，世界也正在变得更大。 我们可以用宇宙飞船到达火星(甚至更远)，而且可以想象一个更安全、更繁荣和充实的世界。科学技术是用来建设这样一个世界的工具。

无论你是想成为未来太空任务工程团队的一员，还是想研究地球上的问题，旅程都是从当下开始的，始于卑微第一步。它可能是学习如何让一个 LED 灯闪烁，学习如何让蜂鸣器发出一个音符，或者如何将信息打印到屏幕上……

不积跬步，无以至千里。将漫游车送往另一个星球，发明互联网，或者建造第一辆自动驾驶汽车……都是由充满激情的工程师们在数千年的时间里所做出的难以计数的努力累积而成的。

在个人层面上，每一步都建立在前人的努力之上，结果是成为一个更好的工程师，能够解决更复杂和更重要的问题。 你想成为那个工程师吗？

Grove Arduino 入门套件可以帮助你迈出这最初的几步。这些工具可以帮助你更快地学习，减少错误。虽然错误是有用的，因为它们提供了独特的学习机会，但我也相信，太多的错误会产生相反的效果——会使学习者失去动力。

自学正变得越来越普遍，如今越来越多的人采用自学的方式，借助一本书或几个视频，无须老师的帮助。

作为一名教育工作者，当我帮助一名新生开始学习电子技术时，我的主要奋斗目标是让学习曲线尽可能地平缓。很多学生容易在入门阶段就选择放弃，因为他们要学习的信息量太大。而学习是一项长期的工作，所以我们应积极进行各种尝试和努力，以减少学生们早期放弃的风险，并帮助学生坚持足够长的时间，以到达自信和独立的境界。今天的教育工具比以往任何时候都更为关键，诸如本书使用的 Codecraft（基于 Scratch 3.0）或其他图形化编程语言的创新都有助于实现这一目标。

对于任何想要从头开始学习电子和编程的人来说，这本书是一个很好的选择。即使你从来没有写过一行代码，也可以创建自己的第一个电路并进行编程。本书向你展示了如何使用 Grove Arduino 入门套件与图形化的 Codecraft 网络编程环境。你将学会如何控制灯光、屏幕、蜂鸣器、按键和各种传感器。

如果你想在十年后成为一名工程师，创造神奇的机器，创造未来，这些都是你需要迈出的必要的第一步。

祝你在未来的旅途中一路顺畅，并诚邀你释放自己的创造力，无惧天马行空。

Peter Dalmaris 博士

Maker Education Revolution 作者，Tech Explorations① 的创始人

2021 年 2 月 20 日

---

① Tech Explorations 专门为世界各地的学生提供在线创客课程。

作者序 —— Dmitry Maslov

　　进入 21 世纪以来，整个世界正在快速进行更紧密、更智能的连接。我们的房屋、工厂、道路和公共设施等都开始装各种各样的传感器，不停地收集有关环境的各种数据。现在，你也可以动手制作这类装置！不过，这确实需要学习一些知识。如果你想自己创造一个类似智能手机、计算机或者更"简单"的停车计时器这样的设备，就会发现这需要很多不同的技术能力。事实上，我们每天都司空见惯的科技产品，背后隐藏着复杂的技术，比如：

- 绘制和制造 PCB（印制电路板）。
- 设计和制造微控制器或微处理器。
- 为硬件编写软件，包括驱动程序以及系统的应用程序。

　　作为一个初学者，如果一开始就把项目搞得这么复杂，就好比一条小蛇贪心不足，想一口吞下整头大象。

让我们一次咬它一小口，蚕食鲸吞！

在这本书中，我们基于 Grove Arduino 入门套件准备了一系列的上手项目，入门套件通过电路板整合了开源硬件初学者所需的常用模块，如此就消除了需要用户自己布线的麻烦，降低了硬件工程的复杂性。让读者可以集中精力只面对整个"大象"的一小块——为设备编程。为了进一步降低读者啃下这一小块的难度，我们避开了复杂的 C++ 文本编程（我目睹了很多初学者被文本编程语言劝退），使用了更易上手的图形化编程软件 Codecraft，这样你就可以更容易地学习编程逻辑，理解代码是如何控制硬件工作的。

翻阅本书时，我们鼓励你大胆些！本书提供的示例不是标准答案，也欢迎你按自己的想法改编。别担心，编程实验不会弄坏任何东西。创客运动的核心是自由创作精神。我们更希望你把这本书当作一本开源硬件的编程指导手册、参考书——它只是提供了一些建议和指导，真正重要的是你能按自己的想法进行自由创作。

所以，开始吧，祝你一路顺风！

Dmitry Maslov
柴火创客教育课程设计师

可恶，好痛……

一次咬它一小口！

作者序 —— 蒋炜波

作为一名中学物理教师，我是在一次极为偶然的机缘下接触到了 Grove Arduino 套件。

在近年来的创客热潮之中，我所在的学校也陆续创办了创客空间、高研实验室等学生科技部门，旨在满足学生在创造性和创新性上的发展需求，同时也给学生提供一个将各个学科融会贯通并付诸实践的发展平台。但是不能回避的一个问题是，学校的学生科技部门始终受众较小，通常一个年级只有约 10% 的同学能够参与其中，面临较为严重的普及化问题。

首先，科技活动的门槛较高。需要学生具备包括编程在内的多种能力，以及创新精神和实践意识，并具备足够扎实的学科素养，这些全面的能力素养要求自然极大地缩减了能够普及的群体。

其次，科技活动的项目传承性较弱。除了少数已经很成熟的项目，更多的是要求每一届学生都需要有自己的创新项目，如果没有合适的项目，相应的科技活动可能就要暂停。

最后，则是科技活动的项目周期太长，时效性不高。活动项目包含的内容很多，需要在设计实施过程中随时处理不断产生的新问题，要求学生投入足够的时间和精力，这与日常的教学有着很大的不同。

如果想要扩大科技活动的受众群体，那么将科技活动与日常的学科教学关联起来，不失为绝佳选择，借此还能够增强日常教学的实践性和创造性，提升教学质量。柴火创客教育的 Grove Arduino 套件在这方面具备非常大的开发潜力。

Grove Arduino 套件给学生提供了一系列已经打包好的套件模块，这些模块各自都有着明确的功能，学生只需要借助 Codecraft 编程平台对这些模块进行合理的组合调度使用，便能够完成具有创造性的活动项目。这无疑极大地降低了学生参与科技活动的门槛，提高了科技活动的效率。

我自己在进行物理教学的时候，总希望学生能够进行一些有创造性的、不用花费过多时间精力的实践活动，这些活动使用一般的物理实验器材是难以完成的，需要有一些已经集成化、模块化的功能明确的设备套件，而 Grove Arduino 套件就是很好的选择。入门套件包含了 LED 灯、蜂鸣器、OLED 显示屏、旋钮式电位器、光传感器、声音传感器、温度湿度传感器、气压传感器、加速度传感器等模块，拓展套件则包含了更多的模块。这些模块涉及了中学物理中的力、热、声、光、电等各个领域的知识，能够对教学起到很好的支撑作用。学生可以利用这些套件验证所学的物理知识和规律，将学科知识用于实践去解决一些生活问题，甚至还可以利用这些套件进一步深入研究相关的知识内容，可谓一举多得。

　　如果中学生想要提前接触一些物理和编程知识，或者在学习过程中想要进一步创造和实践，Grove Arduino 套件无疑是绝佳之选。相信随着套件模块的不断丰富，其对中学生日常学习的支撑功能将不断增加，受众群体也将持续扩大。这无论是对当前的创客等科技活动的普及，还是对学校教学质量的提升，都将产生非常积极的作用！

蒋炜波

清华大学附属中学物理教研组副组长

作者序 —— 冯磊

2020 年的某一天,我的同事 Dmitry Maslov(来自俄罗斯,在柴火创客教育我们都叫他迪马)跑来告诉我,他完成了 Grove Arduino 入门套件(英文叫 Grove Beginner Kit for Arduino)的英文课程,我可以准备翻译中文版本了。我把自己调整为"小白"状态,满怀期待地打开了迪马的课程文档……快速浏览一遍后,感觉还是受到了不小的打击,有很多地方表达得过于简略了。迪马是一个动手能力极强的创客老司机,他能以风驰电掣般的速度,完成一门创新课程的整个大纲,以及课程内所需的所有硬件原型的搭建和编程工作。所以很多内容对他来说,简单到无须解释和说明。但这种过于"精炼"的表达对新手不太友好。于是我下决心对课程做大幅度的修订,让"小白"的学习曲线尽量平缓。

重构后的中文版本,保留了迪马的主线大纲和大部分项目示例,但添加了大量的引导性说明、插图、背景知识介绍……甚至修改了部分示例程序,其目的就是对尝试开源硬件入门的学习者尽量友好。最终修订的版本受到大家的广泛认可,为此我们又重新根据中文课程对英文内容做了一遍修订。

2020 年年底,我将此课程的文档发给了清华大学出版社的王中英老师,出版社很快也表达了对课程内容的认可,于是在 2021 年年初开始进行正式出版合作。在根据课程动手编辑书稿之前,我重新审视了 Grove Arduino 入门套件对于开源硬件学习入门读者的意义,还和 Grove Arduino 入门套件的产品经理杨佳谋做了交流,他对本书给予了极大的支持,除了向我介绍 Grove Arduino 入门套件的发展历程,还在编辑过程中解答了大量的技术细节问题。图书立项后,他还帮助我们联络了 Wayne Seltzer 和 Peter Dalmaris 两位海外有名的创客教育老师,他们为本书写了热情洋溢和极具高度的推荐序。尤其是 Wayne 老师,他在写序的时候,不但仔细研读了我们的课程,还尝试向他的学生推荐使用和学习我们的套件,同时提出了很多 Codecraft 软件的修改建议。

经历这些后,我忽然意识到 Grove Arduino 入门套件和这本书对于开源硬件入门用户的意义——更低的开源硬件应用和学习门槛!使用入门套件的初学者现在不需要关心复杂的芯片、电路板引脚以及接线问题,他们将套件直接连接计算机后就可以立即开始编程,把注意力放在通过编程实现自己的项目目标上。整个课程更借助图形化编程软件 Codecraft，让用户学习和使用开源硬件的门槛进一步降低。

看清这一切后，顿感责任重大，尤其是入门读物，稍有不慎，就可能对读者造成在这一领域的劝退效果。在仔细修订了课程内容后，我考虑除了传授技能外，应该增加一些对开源硬件用户成长有帮助的内容。于是邀请矽递科技经验丰富的产品经理温燕铭，撰写了本书的第 15 课"产品原型设计启蒙"，这篇文章有助于开源硬件入门的小伙伴建立快速做出原型的系统思维。

因为定位是开源硬件的入门读物，少不了要介绍一些和物理有关的知识点，为了让这些内容更浅显易懂，并符合学科知识点科普的要求，几经介绍，有幸得到清华附中初中物理教师蒋炜波老师的支持。蒋老师对涉及的各项知识点做了大量的改写和修订，在此也表示衷心的感谢。

在本书的第 03 章，我有幸邀请了一些个人创客、学校创客教师以及新兴的企业创客，为初学者撰写他们制作项目的经历和感悟。这些被邀请者都在不同层面经历了项目从 0 到 1 的过程，非常感谢他们的无私贡献，在此——泣谢（以下按收到稿件顺序）。

- 个人创客邓斌华分享小汪变色夜灯的整个制作过程。
- 深圳实验学校高中部刘焱锋老师，讲述他指导的"官龙梦客"学生战队，勇夺深圳市首届中学生创客马拉松比赛第一名的故事。
- 宇树科技提供王兴兴是如何从最初的 XDog 机器狗一路进化，用机器小牛"犇犇"登上 2021 年春晚舞台的幕后故事。
- 肯繁科技的余运波先生，讲述他如何从一个机械外骨骼领域的门外汉，历经 6 年磨炼，带团队做出性能卓越的轻便机械外骨骼的故事。
- 李荣仲博士讲述他如何创作 Bittle 仿生开源机器狗的故事。

在我整理这些创客文稿的时候，从字里行间都感受到了那股强劲的"行动力"，期望读者也能借助这股力量，结合本书的知识，利用自己独特的经历和认知，大胆地去创造，去改变世界。

冯磊

柴火创客教育课程负责人

目录

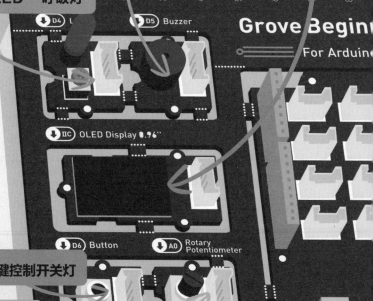

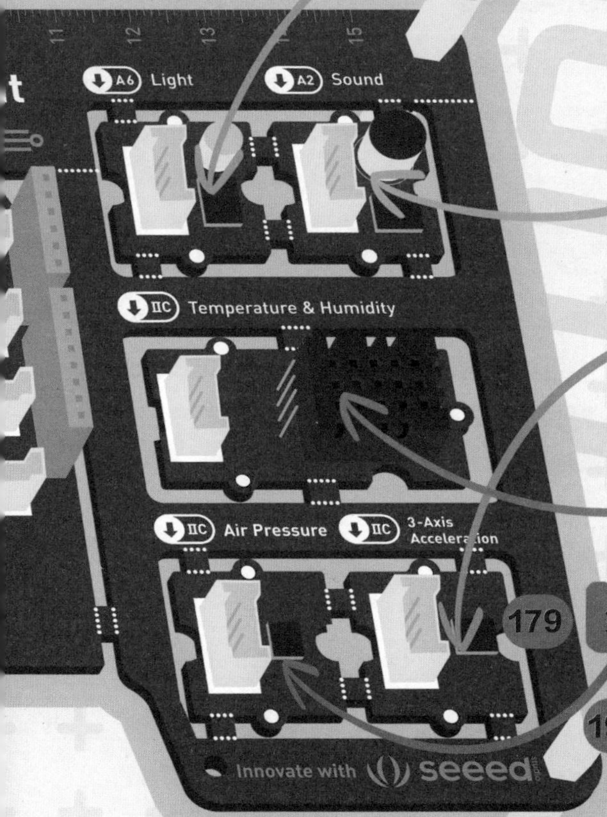
A6 Light
A2 Sound
IIC Temperature & Humidity
IIC Air Pressure
IIC 3-Axis Acceleration
Innovate with seeed

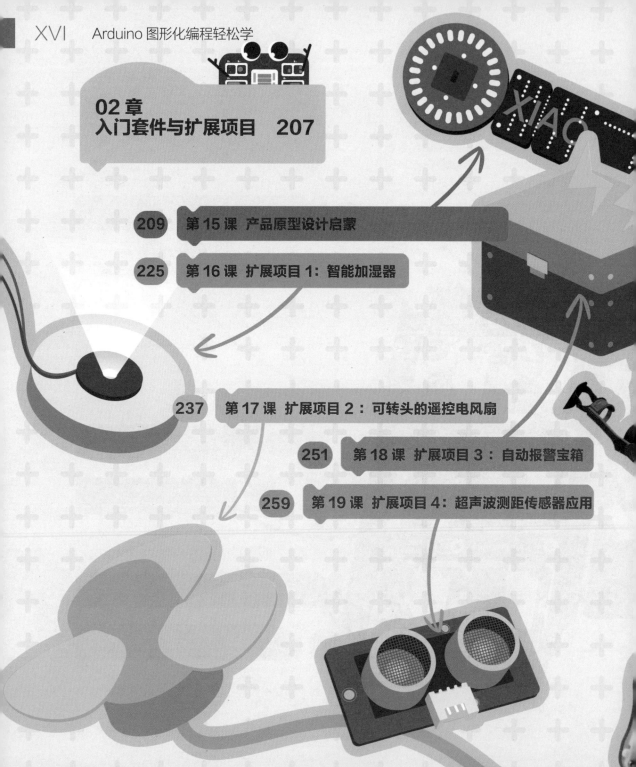

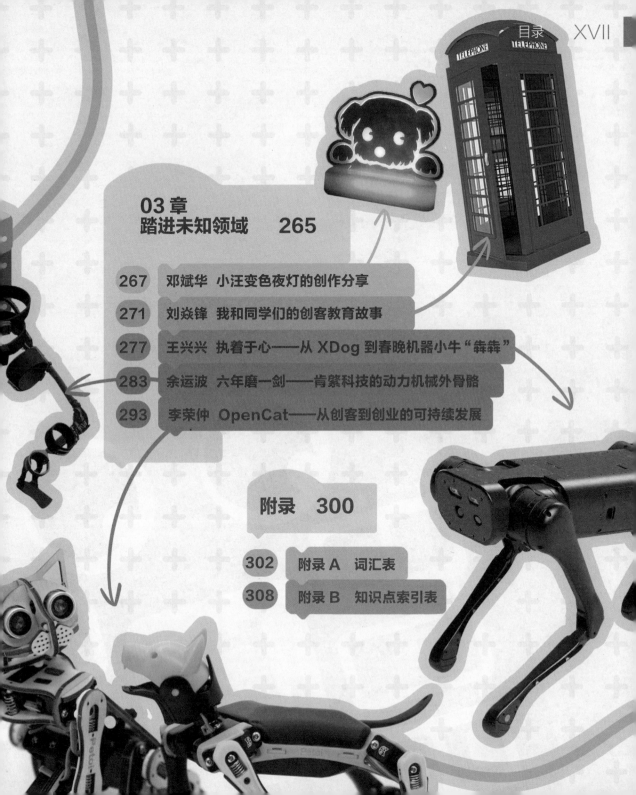

引言：
为什么要学开源硬件

为什么要学开源硬件？很简单，为了能创造自己的电子产品。

我们身处一个被各种电子产品包围的世界，小到电子闹钟、门铃，大到彩电、冰箱。通过购买获得的商业电子产品，通常都有特定的、或简单或复杂的功能。你只能按产品提供的功能范围去使用它。如果你不满足于现状，想通过学习自己创造电子产品，那么选择"开源硬件"[①] 会是好的选择。

电子硬件发展刚刚起步的时候基本都是开源的。那时包括打印机、甚至苹果电脑，它们的整个设计原理图都是公开的。后来出于商业利益的需要，越来越多的公司选择了闭源。但还是有数量众多的个人爱好者（创客）和工程师，在积极发展开源硬件和开源软件[②]

对于刚刚开始接触开源硬件的读者来说，看到一堆长相各异的电子模块会觉得无从下手，但相信我，一旦你对这些模块有所了解后，使用起来并不比乐高积木更复杂。开源硬件和对应的编程软件经过不断发展进化，也变得越来越简单易用。现在 10 岁及以上的学生，或对 Arduino 充满好奇的个人爱好者都能轻松入门。我们将使用 Grove 入门套件、Grove 教育扩展包与 Codecraft 软件（支持 Arduino 及其他硬件的图形化编程平台）带你迈入开源硬件世界的大门。

---

① 即开放源代码。硬件的设计向公众发布，任何人可制造、修改、分发并使用那些造物。
② 使用者无须向开发者付费，并且开发者开放源代码可以让使用者按需要自己修改的软件。

有史以来第一
Arduino 硬件

在正式开始学习之前，先熟悉一下 Arduino、Grove、Codecraft 等这些后面经常会见到的名词。

Arduino 的故事

Arduino 的诞生可谓开源硬件发展史上一个新的里程碑。

2003 年，在意大利伊夫雷亚交互设计学院，学生们使用电子元件进行交互设计创作，这些电子设备价格不菲，仅 BASIC Stamp 微控制器芯片的费用就要 50 美元，这对许多学生来说是一笔不小的费用。

埃尔南多·巴拉甘（Hernando Barragán）在马西莫·班兹（Massimo Banzi，在中国也被称为"板子大叔"）和卡西·瑞斯（Casey Reas，一位美国艺术家）的指导下，在 Processing① 的基础上，创建了 Wiring 开发平台作为硕士论文项目。该项目的目标是为非工程师用户创建简单、低成本的数字项目工具。

---

① Processing 是一种开源编程语言，专门为电子艺术和视觉交互设计而创建，其目的是通过可视化的方式辅助编程教学，并在此基础之上表达数字创意。

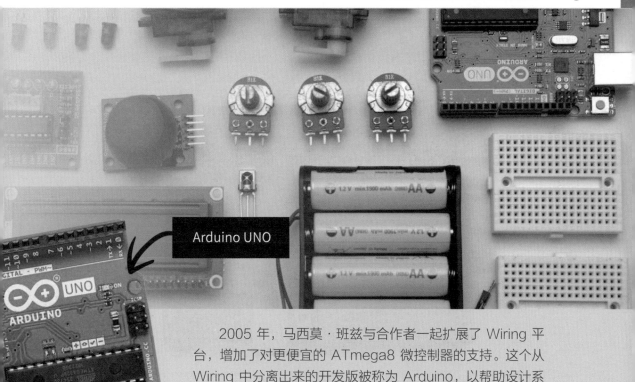

Arduino UNO

2005 年，马西莫·班兹与合作者一起扩展了 Wiring 平台，增加了对更便宜的 ATmega8 微控制器的支持。这个从 Wiring 中分离出来的开发版被称为 Arduino，以帮助设计系在电子学或微控制器编程方面没有经验的学生，创建将物理与数字世界连接的有效原型。从那时起，它已成为最受工程师乃至大型公司欢迎的电子原型制作工具。

现在 Arduino 已经做了大量的改进，变得更加易用和强大。Arduino 作为第一个广泛使用的开源硬件，建立了在线社区，以帮助推广该工具的使用，并受益于数百人的贡献。这些热心的用户帮助调试了 Arduino 的代码，编写了许多示例程序，还创建了各种教程，为其他遇到问题的用户提供了各种帮助和支持。

开源硬件的入门门槛

很多 DIY 电子硬件应用、物联网或机器人的初学者是从开源硬件 Arduino 开始的。网上兜售的各种常见的 Arduino 初学者套件，大多是一大包面包板、各种奇形怪状的电路板、电子元器件和大把五花八门的电线。

做出的 Arduino 项目通常就像下图这样，不明真相的外行看着就像是一个待拆
的土质炸弹（尤其是那些红黄蓝绿的电线会让大家更加深信不疑）。

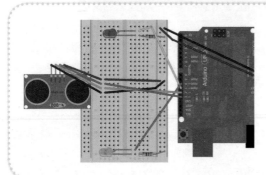

项目"简易 Arduino 和 超声波测
距传感器的示例"的硬件连接图，使用
了一个超声波测距传感器（最左侧），
当有物体距离传感器距离小于程序设定
值时，红灯亮起，大于设定值时，亮绿灯。
作者：Jsvester

硬件可能还不是最复杂的，翻阅各种 Arduino 的书后，会发现编程部分大多使
用 Arduino IDE 软件，就是说要学习给这堆电子硬件编程，最好还要懂一些 C 语言，
知道如何建立编程环境……这些门槛，让不少初学者望而却步。如果学校或培训机
构开设 Arduino 课程，使用这些"零件"级的硬件上课，绝对是一件让教师头疼的
事情——各种接线问题、编程错误、零件缺失……有没有对初学者和使用者更为易
用的解决方案呢？

Grove 系统 —— 统一接口，让开源硬件更易用

中国科技企业矽递科技（英文 Seeed Studio）从 2010 年开始研发 Grove 系统并不断迭代更新和扩充，它采取积木式的方式来组装电子元件。与基于跳线或焊接的系统相比，连接、测试和构建都变得更容易。与借助传统的面包板和各种电子元件组装项目的方法相比，Grove 大大简化了学习过程并提高了易用性。

Grove 系统由基本处理单元（树干，类似 Arduino UNO 板的处理单元）和各种带有标准化连接器的模块（树枝）组成，Grove 扩展板可以轻松通过标准的 Grove 模块接口和 Grove 连接线（如下图所示）连接 多个 Grove 模块。

Grove LED 灯模块，有一个四针的 Grove 接口

Grove 连接线

Grove 的扩展板

每个 Grove 模块通常只提供 1 个功能，比如一个简单的按键或某个复杂的传感器。至今 Grove 家族已扩展到 300 多个模块，几乎涵盖了常用开源硬件的方方面面。

以网友的安全门禁项目为例，使用了多个 Grove 模块，通过 Seeeduino lotus（整合了 Arduino 兼容主控和 Grove 扩展板的 Arduino 兼容板）使用 Grove 连接线进行简单连接，然后编程即可使用。

参考项目见：

Security Access Using Seeeduino Lotus

https://www.hackster.io/limanchen/security-access-using-seeeduino-lotus-7eb90f

为初学者而生 —— Grove Arduino 入门套件

Grove 通过统一接口，帮助用户解决了 Arduino 硬件接线麻烦的问题。矽递科技为了方便初学者学习 Arduino，2016 年推出了第一代 Grove Arduino 入门套件（本书称其为"旧版入门套件"），如下图所示。旧版入门套件选取了一些常用模块，并搭载了一个 Seeeduino Lotus v1.1（下图中红色的 Arduino 兼容板）。

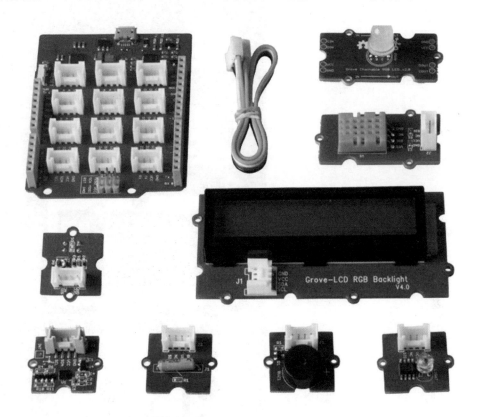

旧版入门套件推出后广受好评，迅速销往全球各地。矽递科技的工程师又进一步琢磨，能不能把整个套件的模块和主控板集成在一个电路板上？这样对于初学者来说，接线的麻烦都省去了，可以把注意力放在如何学习编程和使用上。当然，如果需要也可以把模块拆下放入项目中，如此就有了本书的主角—— 第 2 代的 Grove Arduino 入门套件。

　　Grove Arduino 入门套件（ 英文 Grove Beginner Kit for Arduino，本书中简称"入门套件"，如下图所示 ）是最好的 Arduino 入门学习套件之一，它无须困难的焊接操作和连接复杂的电路，用户可以专注于学习 Arduino 的使用。本套件是 1 个 Arduino 兼容主板 (Seeeduino Lotus) 和 10 个 Grove 模块集成一体的 PCB 板。所有模块均已通过 PCB 冲压孔连接到 Seeeduino，因此无须焊接或连线。当

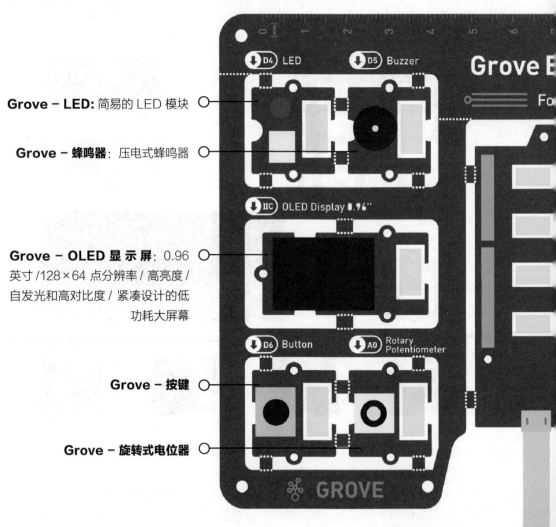

Grove – LED: 简易的 LED 模块

Grove – 蜂鸣器：压电式蜂鸣器

Grove – OLED 显示屏：0.96 英寸 /128×64 点分辨率 / 高亮度 / 自发光和高对比度 / 紧凑设计的低功耗大屏幕

Grove – 按键

Grove – 旋转式电位器

然，你也可以将模块取出并使用 Grove 数据线连接模块，来构建自己喜欢的任何 Arduino/Seeeduino 项目。

本入门套件的尺寸是：长 17.69 cm，宽 11.64 cm，高 1.88 cm。

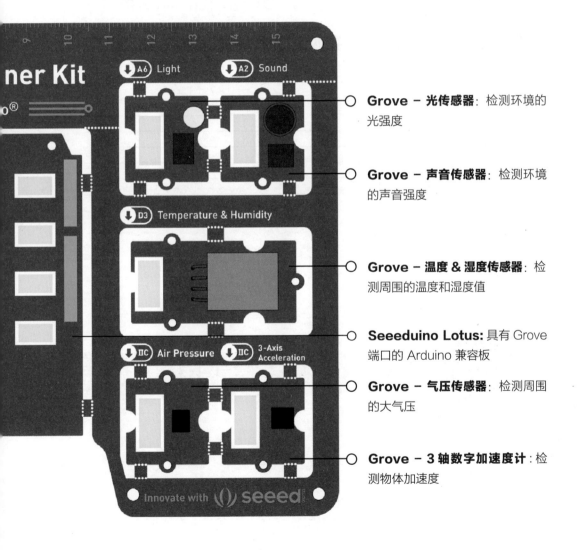

Grove － 光传感器：检测环境的光强度

Grove － 声音传感器：检测环境的声音强度

Grove － 温度 & 湿度传感器：检测周围的温度和湿度值

Seeeduino Lotus: 具有 Grove 端口的 Arduino 兼容板

Grove － 气压传感器：检测周围的大气压

Grove － 3 轴数字加速度计：检测物体加速度

 特别提醒

默认情况下，Grove 模块均通过 PCB 压印孔连接到 Seeeduino。这意味着如果没有断开连接，则无须使用额外的 Grove 数据线进行连接。默认引脚如下：

模块	端口	引脚 / 地址
LED	数字	D4
蜂鸣器	数字	D5
OLED 显示屏	I²C	I²C, 0×78(默认)
按键	数字	D6
旋转式电位器	模拟	A0
光传感器	模拟	A6
声音传感器	模拟	A2
温度 & 湿度传感器	数字	D3
气压传感器	I²C	I²C, 0×77(默认) / 0×76(可选)
三轴数字加速度计	I²C	I²C, 0×19(默认)

更多有关硬件的详细介绍，请访问官方文档：
https://wiki.seeedstudio.com/cn/Grove-Beginner-Kit-For-Arduino/

Arduino 编程，选文本编程还是图形化编程

Arduino IDE

Arduino 官方提供了 Arduino IDE 编程工具，并同时提供了 Web 版（通过浏览器编程）和离线版（下载并安装后可脱机使用）。下图是一个 Arduino Web 版编程界面截图，界面展示了一个示例程序 Blink（点亮 1 个 LED 灯 1 秒后关闭）。

文本编程界面的优势：适合有编程经验的程序员，而且最好是学过 C 语言编程的用户，上手会比较快。

但这也是让很多初学者觉得比较棘手的部分。

图形化编程软件 Codecraft

Codecraft 是一款由柴火创客教育自主研发、面向 STEAM 教育领域、适合6~16 岁青少年进行编程学习的图形化编程软件。用户通过简单地拖曳积木即可编程。除了可以对舞台角色进行编程，更支持多款主流硬件设备接入，实现软硬件结合，让编程学习更有乐趣。

还是以实现 Blink 示例的功能为例，用 Codecraft 编写的程序如下图所示。

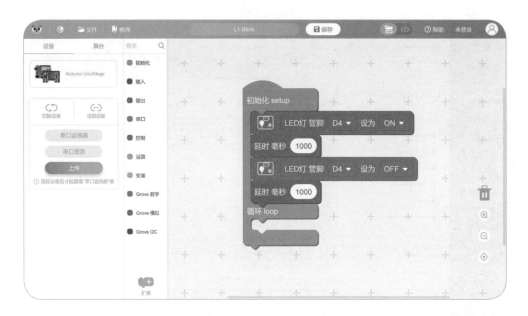

　　图形化的编程环境，对初学者更加友好。用户可以像搭积木一样来构建自己的程序，而且也能避免文本编程严格的拼写和格式错误问题。

　　Codecraft 也支持多平台使用，可以在网页端直接使用，或下载桌面版（即PC 版）离线使用。详细了解 Codecraft 可以访问官网：https://www.tinkergen.com/cn_codecraft。

　　下面将介绍如何通过网页版 Codecraft 连接入门套件。

特别提醒

在计算机桌面或浏览器上看到这个猫头鹰博士的图标，就可以找到 Codecraft 了。

网页版 Codecraft

1. 在 Codecraft 创建 Arduino 项目

在浏览器地址栏输入 Codecraft 在线创作的网址 ide.tinkergen.com，就可进入 Codecraft 的主页，如下图所示。由于需要连接 Arduino 设备，单击小手指示的 Arduino Uno/Mega 按钮，即可新建 Arduino 项目。

成功进入 Arduino Uno/Mega 的设备编程界面，如下图所示。现在可以尝试连接入门套件，单击"连接设备"按钮。

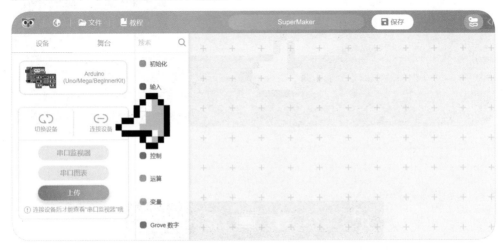

2. 连接设备，启动安装设备助手

如果你是在 Codecraft 上首次连接硬件设备，单击"连接设备"按钮会弹出下图所示的提示框。单击"还没下载，立即下载"按钮。

单击后会启动设备助手软件的下载，下载完毕后根据提示进行安装。如下图所示，安装完毕后，"设备助手"图标 会出现在任务栏中，即表示"设备助手"已成功安装。

3. 连接入门套件

　　使用 USB 数据线，让计算机与入门套件相连接，如下图所示。连接成功后，入门套件中间会有一个绿灯亮起。

　　再次尝试在 Codecraft 中连接设备，单击  连接设备 按钮，会出现下图所示的"连接设备"对话框。

连接成功会出现如下图所示的提示。关闭"连接设备"对话框。

连接成功后的变化如右图所示。

现在软硬件就位，可以正式开始
Arduino 的入门学习了。

Codecraft PC 版

使用 Codecraft PC 版，可以在无网络环境的计算机上进行编程。

操作系统要求

- Windows 操作系统支持 Windows7 或 Windows10，32 位和 64 位
- Mac 操作系统支持 10.13.6 及以上版本

中文版下载网址

访问中文版下载链接：**https://ide.tinkergen.com/download/cn/**

在下载页面获取需要的 PC 客户端版本，如下图所示，安装后的运行体验和 Web 版的 Codecraft 一致，只是 PC 版不需要运行设备助手。

Codecraft (v2.0)

Codecraft是一款基于Scratch 3.0开发的图形化编程软件工具，适合7-16岁青少年。孩子对编程的学习不会像成人一样，需要更好的方式，而图形化无疑是更直观和更简单的，即使是零基础的学习者也可以通过简单的学习、快速掌握并编写程序来控制硬件，完成项目的创作。

▤ Codecraft 使用指南

支持产品

Grove Zero，Arduino Uno/Mega，micro:bit，M.A.R.K(CyberEye)，Grove Joint，GLINT，Bittle

Web在线版

推荐使用浏览器：Chrome
同时支持 Safari/ Firefox/ 360极速/ 360安全浏览器

在线创作

PC客户端

支持Mac及Windows7以上的系统

Windows版 64位 v2.5.3.9　　Windows版 32位 v2.5.3.9　　Mac版 v2.5.3.9

 **特别提醒**

网页版 Codecraft 在连接入门套件时，如果已经安装过设备助手还提示需要安装，就可以在计算机桌面找到并运行左面这个图标。

如果你的计算机已经安装了 PC 版 Codecraft ，可以找到右面这个图标并运行它。

Codecraft-PC2.0

01 章

入门套件课程

第1课

我的第一个 Arduino 程序：Blink

    Blink（可译作"闪烁"），是 Arduino 编程的入门挑战，其目的是通过编程让一个 LED 灯闪烁。

    感觉任务太简单？要知道罗马不是一天建成的，再复杂的程序也是从第一行代码开始的。Auduino 编程学习者把 Blink（闪烁）程序比作软件编程的"Hello World"。

    这将是你迈向掌控硬件编程之门的第一个台阶。让我们开始"闪烁"吧！

背景知识

光

在所有的文化中，光都与神圣和创造紧密相连。光是色彩，装扮缤纷的世界；光是能量，哺育万千生命。它启迪了艺术、宗教和科学，它蕴藏了宇宙的奥秘，数千年来，人们一直在努力尝试解开光的奥秘。

你是否惧怕过黑暗？光在白天几乎无处不在，世界呈现出五彩缤纷的样子。每当夜晚到来，在没有灯光的环境下，一切颜色尽失，剩下的只有无边的黑暗。人类是依赖光的生物，光既是我们生存的关键，也是我们探索世界的重要工具。

从本质上讲，光是一种电磁波，它和信息通信中使用的电磁波并没有本质的区别。通常所说的"光"或"可见光"，是波长为 400~700nm、可被人眼感受到的电磁波。从整个电磁波的频率范围来看，可见光只是一个极其狭窄的范围，如下图所示。但就是在这个极其狭窄的范围里，我们通过眼睛感受到世间万象。

伽马射线　　　　X射线　　　　紫外线　　　　红外线

人眼不可见范围

人眼可见范围

色

17 世纪末期，牛顿证明了色彩并非存在于物体本身，而是**光**、**物体**和**视觉系统**三者综合作用的结果。不同波长的可见光在人类眼睛和大脑组成的视觉系统中，会被识别标记为不同的颜色。太阳光包含了各种波长的可见光，太阳光经过三棱镜后，会被分解为各种颜色的光，如右图所示。太阳光被眼睛接收时，视觉系统将其标定为白色。当黑夜降临，没有任何可见光进入人眼的时候，视觉系统将其标定为黑色。

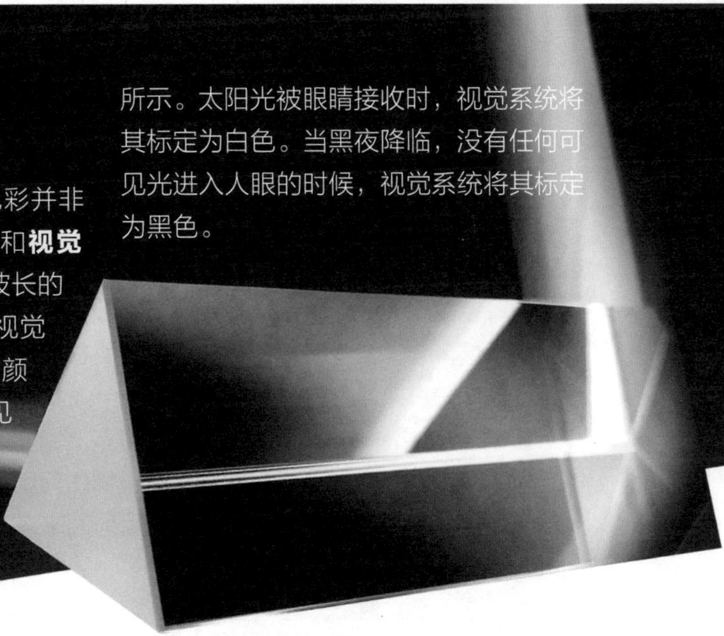

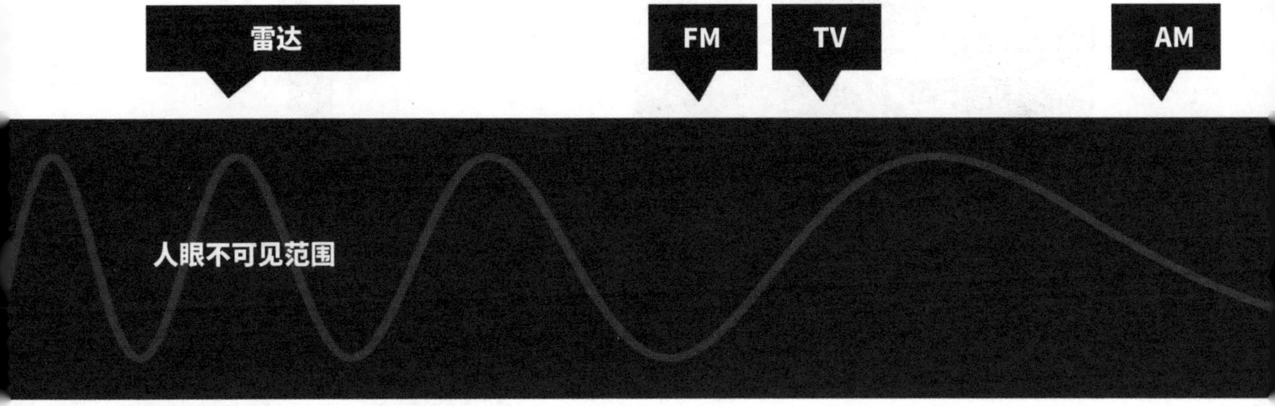

雷达

FM

TV

AM

人眼不可见范围

那些不发光的物体之所以会呈现出各种色彩，是因为当太阳光照射它们时，某些波长的可见光（比如红光）不能被物体吸收，这些波长的光（比如红光）被反射回来进入人的眼睛后，视觉系统就会用相应的颜色（比如红色）加以标定，于是我们就会认为这个物体自身的颜色为红色了，如右图这朵红玫瑰。

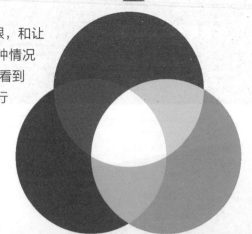

此时，如果把玫瑰花放到无光（黑暗）的环境，并用蓝色的光照射该物体，由于物体只反射红光，蓝光会被吸收，于是便没有光反射回来进入人眼，我们会看到什么颜色呢？

如下图所示，对了，是黑色！

不仅如此，太阳光中的黄光单独进入人眼，和让等强度的红光、绿光混合后进入人眼，这两种情况下大脑会产生相同的视觉反应，都会判定我们看到了"黄色"。以红光、绿光和蓝光为基础进行混合，可以让人的视觉系统产生出各种各样的颜色反应，这就是经典的 RGB 颜色系统，如右图所示。

　　这一颜色系统广泛应用于各种电子设备显示屏中。如下图所示，如果用放大镜观察屏幕上白色的光标图案，就会看到白色实际是由 3 种颜色的像素点合成的。

　　研究表明，不同种类的动物具有不同的视觉系统，因此看到的这个世界颜色会有很大差异 。下图展示了人眼与猫眼看同一个景色的色彩差异。

发光

大致了解什么是光后，我们又将如何"制造"它呢？有多种方法。最常见的一种发光方式是让物体发热进行发光，这一类发光物体统称为热光源。比如燃烧一些木头（如右图所示），会释放大量的热，导致温度升高从而发光。再比如烧红的铁水（如右图所示），也能够发光。通常情况下，当物体的温度升高到一定程度时都能够发光。

加热金属到极高的温度，金属便开始发光——这正是以前白炽灯泡的工作方式，如右图所示。

白炽灯泡逐渐被淘汰，取而代之的是更节能的照明光源，例如荧光灯和 LED 灯，如右图所示。这一类光源发光的原理与升高温度发光不同，并不会伴随产生大量的热，通常称为冷光源，这类光源的发光效率高，能量利用率高。

入门套件中的 LED 模块

在我们的入门套件中，有一个 LED 模块，标注了 ⬇D4 LED 的模块就是 LED 模块，即下图左上角位置。

右图是独立的 Grove LED 模块。

LED 模块包含用作光源的半导体材料。当施加电压时，电子的运动产生光，该过程称为**电致发光**。下面让我们看看如何通过两段代码让这个 LED 模块发光！

任务：编写 Blink 程序，让 LED 灯开始闪烁

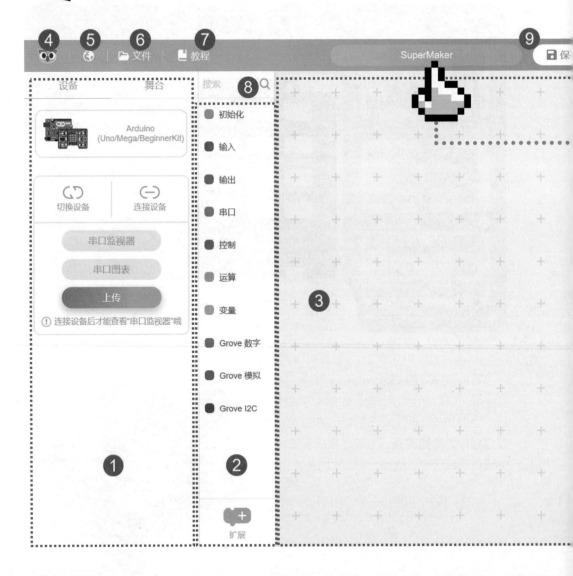

▶ **步骤 1：认识 Codecraft 编程界面**

进入 Codecraft 编程界面（在浏览器输入 **https://ide.tinkergen.com**），界面功能区域如下图所示。

可以在顶部修改项目名称为 **Blink**，如下图所示。

1　**设备 / 舞台区**：可以在设备与舞台模式之间切换，选择面向设备或舞台的编程。

2　**积木分类区**：对应设备 / 舞台模式，提供不同类别的编程积木，可以根据积木的分类选择需要的积木块。

3　**工作区**：可以从积木分类区中拖曳出需要的积木块，放到工作区内，搭建程序。

4　**返回 Codecraft 封面**：单击该按钮会返回 Codecraft 封面页，如果当前程序没有保存，会提示保存。

5　**语言切换**：单击该按钮后会出现支持语言的选项，可以切换不同的语言版本。

6　**文件**：可以"新建""打开本地文件""另存为"或"保存到本地"。

7　**教程**：可以查看有关 Codecraft 的课程与项目案例。

8　**搜索**：可以搜索程序积木。

9　**在线保存文件**：可以修改项目名称并保存到云端（需要联网及登录）。

10　**积木 / 代码模式切换**：可以在这两个模式之间切换，舞台模式或不同设备模式切换的代码语言会有所不同。

11　**帮助**：用户可以随时查看在线帮助文档，如果用户对 Codecraft 的使用有任何的疑问或者意见，可以随时反馈。

12　**登录**：如果没有登录，会提示登录或注册；如果已登录，可以访问个人云端作品、进行账号设置、查看我的邀请码及退出登录。

▶ 步骤 2：添加初始化与循环积木

单击积木分类区第一行"初始化"，可以看到初始化与循环积木。

本书中制作的每个程序都会用到初始化与循环积木，积木由两部分组成 —— 初始化（setup）部分和循环（loop）部分。

- **初始化**部分中的模块将在板子启动时（或按复位按钮后）顺序执行一次。
- **循环**部分中的模块按顺序执行，最后一个模块执行完后，程序会返回循环部分的第一个模块并重复整个过程，这就是为什么将其称为循环部分。

如下图所示，拖曳初始化与循环积木到工作区，添加第一个程序积木。

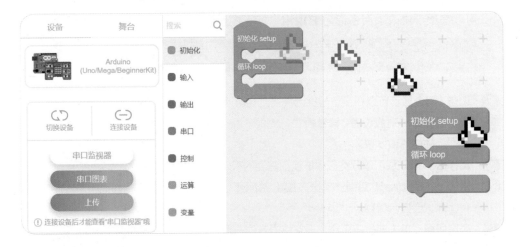

▶ 步骤 3：点亮 LED 灯的程序

入门套件的电路板似乎没什么动静，因为初始化与循环积木只是为开始运行程序做准备而已。

在前言介绍硬件的部分，提到一个有关模块端口默认引脚／地址的列表（见下页表格），可以把它看作每个模块的门牌号。

模块	端口	引脚 / 地址
LED	数字	**D4**
蜂鸣器	数字	D5
OLED 显示屏	I²C	I²C, 0x78(默认)
按键	数字	D6
旋转式电位器	模拟	A0
光传感器	模拟	A6
声音传感器	模拟	A2
温度 & 湿度传感器	数字	D3
气压传感器	I²C	I²C, 0x77(默认) / 0x76(可选)
三轴数字加速度计	I²C	I²C, 0x19(默认)

从列表可以看到 LED 模块是数字端口的 **D4**。

单击积木分类区的"Grove 数字"标签，可以看到长长的各种模块的积木列表。在其中找到如下图所示的积木。

拖曳并嵌入初始化与循环积木的初始化部分，如下图所示。

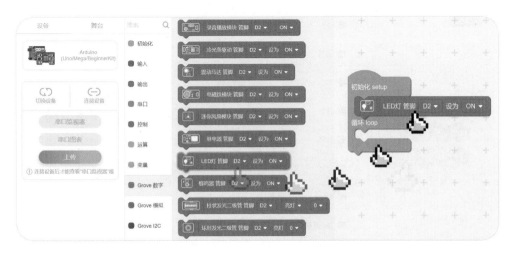

如右图所示，单击积木里管脚右边的 **D2**，在弹出的菜单中选择 **D4**。LED 灯管脚 D4 已经被默认设置为 ON（开）。

▶ 步骤 4：连接入门套件并上传

将入门套件使用 USB 数据线与计算机连接。

如下图所示，单击"上传"按钮。

在弹出的"上传"对话框中,单击"确定"按钮。 出现正在上传的提示。 出现"上传成功"的提示。

现在观察入门套件上的 LED 灯,可以看到被点亮了。

特别提醒

请勿近距离直视 LED 灯!点亮的 LED 灯的亮度并不低,如果近距离直视它,眼睛会受到伤害。

▶ **步骤 5：让 LED 灯闪烁**

开灯和关灯是同样的积木，如右图所示，LED 灯管脚 D4 设为 ON，在弹出的菜单中选择"复制"。

将复制后的积木嵌入初始化区域，并修改设置 ON 为 OFF（关），如右图所示。

再次上传程序，上传完毕后，如果你运气够好，可能会看到 LED 灯闪了一下（非常短暂）；更大的可能是，你看到的 LED 灯是熄灭的效果。

是因为你的 LED 灯坏了吗？ 并不是！其实电路板内部的微芯片已经完全按照你的指示执行了操作：闭合电路，使电子流过，然后断开电路，阻止电流。 只是这一切发生得太快，以至于来不及看到差异。

现在让我们添加一些延时模块来放慢速度，方便观察。

单击积木分类区的"控制"标签，可以找到积木 延时 毫秒 1000 ，拖曳到下图所示位置。

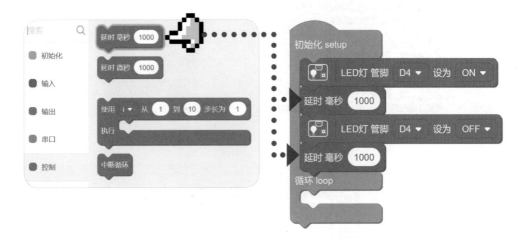

最终的程序如右图所示。再次上传，现在可以看到 LED 灯点亮 1 秒后熄灭。

恭喜你，完成了 Arduino 编程的 Blink 挑战，成功点亮了 LED 灯 1 秒，并关闭了它。

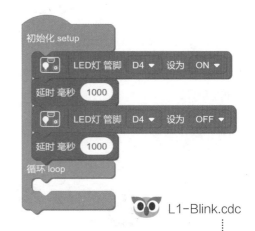

L1-Blink.cdc

扫描封底二维码访问本书主页，在"资料下载"栏目可获取本书源程序压缩包。

▶ **步骤 6：脱机运行**

入门套件上传了程序后，是不是必须连接计算机才能运行呢？

当然不是，我们上传的程序已经被写入入门套件。你可以使用任意给 USB 接口供电的设备（如充电宝、电池盒等）让入门套件工作，如下图所示。

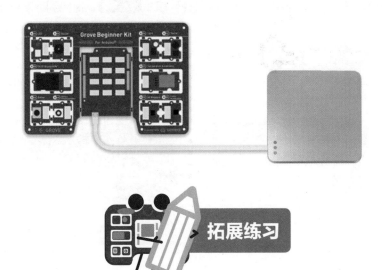

拓展练习

1. 你可以尝试将积木从初始化部分移动到循环部分，效果会如何？

如下面左图所示，可以同时移动多个积木。积木移动到循环部分后，程序如下面右图所示。

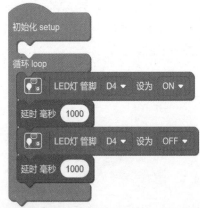

2. 代码移动到循环部分后，再删除延时部分的积木，结果是什么？为什么会这样？

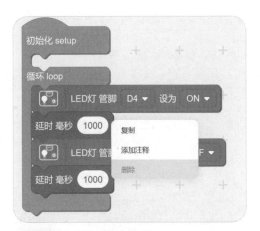

如何删除积木

- **删除方法 1：** 如右上图所示，可以右击期望删除的积木，在弹出菜单选择"删除"。
- **删除方法 2：** 如右下图所示，分离出要删除的积木，这时左侧的积木分类区会出现垃圾桶图标，拖曳要删除的积木到此区域即可删除。

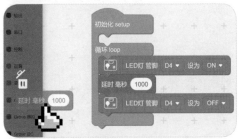

3. 尝试不同的开关和延迟值组合。

4. 尝试调整 LED 模块的亮度。

　　修改程序，保持 LED 灯常亮。如右下图所示，LED 模块上有可变电阻，可以用螺丝刀拧动它，调整 LED 灯的亮度。

5. 用 LED 灯探寻颜色的秘密。

　　分别找一个白色、蓝色、绿色、红色的物体，放在黑暗环境中。保持红色 LED 灯常亮，也放在这个黑暗的环境中。让红色 LED 灯分别照射在白色、蓝色、绿色、红色物体上，观察此时看到的各物体的颜色。改变 LED 灯的亮度，观察看到的物体颜色是否发生变化。你还可以找

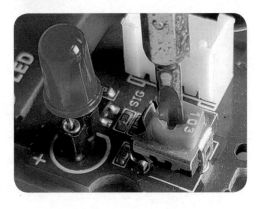

更多其他颜色的物体来尝试。用不同颜色的透明塑料纸包裹住正在发光的 LED 灯，观察此时 LED 灯光的颜色。想一想，透明物体的颜色有什么特点呢？

第2课
控制 LED 灯的亮度

第 1 课实现了让 LED 灯 闪烁。拓展练习的部分还介绍了如何用螺丝刀调整 LED 灯的亮度，但这种物理调整方式无法实现自由而精确的控制。这节课将学习如何通过程序来精确调节 LED 灯的亮度。学会了这个技能，以后可以用在控制电机速度、声音的音量等类似的任务上。

背景知识

　　在开始动手编程之前，先了解一下电学的几个基本概念，将有助于我们了解如何改变 LED 灯的亮度。这里将介绍电流、电压和电阻，这三个电学中非常重要的基础知识。

电路里的电流

　　如右图所示，将小灯泡连接到电池的正极和负极，会得到一个闭合电路，此时电路中有电流通过，并使灯泡发光。那么电流究竟是什么呢？

　　我们知道，物质都是由原子组成的，很长一段时间内人们以为原子不能够再分割，是物质结构的最小单元，这也是"原子"一词的直观含义。英国物理学家约瑟夫·约翰·汤姆逊在对阴极射线（如右图所示）进行研究后，发现了一种质量远小于原子的、带负电的微小粒子，他在 1837 年 4 月 30 日宣布了这一发现，后来人们称这种粒子为电子。

　　研究表明，**原子**由带负电的**电子**和带正电的**原子核**组成。在金属导体中，带负电的电子可以发生定向的移动，从而形成**电流**。金属导体中电子定向移动的速度很慢，大约为 1mm/s。这么慢的移动速度，为什么闭合灯的开关后，灯马上就能够点亮呢？这是因为闭合开关后，整个导体电路中的可以定向移动的电子会同时发生移

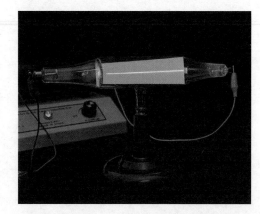

动，如下图所示，灯立即可以被点亮。这就像装满水的管道一样，当你在管道一端打开阀门时，水就会立即流出。

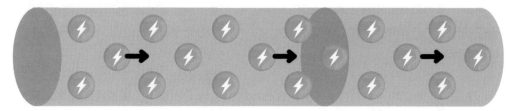

电流的方向

金属导体中是带负电的电子定向移动形成电流，而在酸碱盐水溶液中，带正电的离子也可以定向移动形成电流。既然正电和负电都能够定向移动形成电流，那么该如何定义电流的方向呢？

在早期，人们从主观上规定了正电定向移动的方向为电流方向，那么带负电的电子定向移动的方向自然就与电流的方向相反。所以在金属导体电路中，电子从电源的负极流向正极。

电流、电压和电阻

以金属导体组成的电路为例，电子在电路中定向移动形成电流。电子之所以能够定向移动，是因为**电压**的存在，电压是推动电子定向移动形成电流的原因。与此同时，电子定向移动时，还会受到来自导体自身的阻碍作用，这就好比你在穿过人群的时候会受到阻碍一样，这一阻碍作用称为**电阻**。

- 电流用字母 I 表示，它的单位是"安培"（Amp 或 A），简称"安"。
- 电压用字母 U 表示，它的单位是"伏特"（Volt 或 V），简称"伏"。
- 电阻用字母 R 表示，它的单位是"欧姆"（Ohm 或 Ω），简称"欧"。

下图可能更有助于你理解这三个概念。

欧姆定律

通过上图可以推测：
- 如果在电阻相同的情况下增加电路中的电压，则会得到更大的电流。
- 如果在电压保持不变的情况下增加电路中的电阻，则会得到更小的电流。

德国物理学家乔治·西蒙·欧姆（右下图所示）发现了电流与电压和电阻之间的关系：通过导体的电流，与导体两端的电压成正比，与导体自身的电阻成反比，这就是欧姆定律，其运算公式如下。

$$I = \frac{U}{R}$$

其中，
U 表示电压；
I 表示电流；
R 表示电阻。
欧姆定律还存在两个变形公式，即

$$U = IR \text{ 和 } R = \frac{U}{I}$$

利用欧姆定律可以定量地完成电流、电压和电阻相关的计算问题。

找到改变 LED 灯亮度的手段

回到当前的任务 —— 应该如何改变 LED 灯的亮度呢？理论上可以通过控制流过 LED 灯电流的大小，来控制 LED 灯的亮度。如果期望 LED 灯变暗（电流 I 变小），根据欧姆定律，可以通过以下两种途径：

● 增加电阻 (R)。这需要更改电路或导线的物理属性，比如导体的长度、材料、粗细等，在第 1 课的拓展练习中，使用螺丝刀调节 LED 灯亮度的

方式，就属于此方案。
● 降低电压 (U)。降低电压也会减小电流，从而减少单位时间内通过 LED 灯的电子数量， 更少的电子意味着更低的 LED 灯光亮度。

在技术上，可以使用称为脉冲宽度调制（也叫 PWM）的**模拟控制技术**来降低电压，该技术可让控制板提供不同的电压。后续章节将详细讨论 PWM 的工作原理——现在可以将其视为一个神奇的黑匣子。当然，这不是魔术，而是科学。

这个公式是解决电学问题最常用到的公式。

乔治·西蒙·欧姆

▶ 步骤 1：新建项目及初始化

在 Codecraft 创建新的 Arduino Uno/Mega/BeginnerKit 程序，并命名项目名称为"LED 调光"。向工作区拖曳初始化与循环积木，如下图所示。

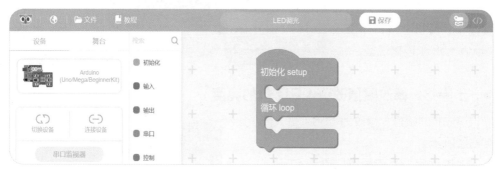

数字输出与模拟输出的差别

在 Codecraft 的积木分类区单击"输出"标签，可以看到 2 个积木，如左图所示。

"数字输出"的积木只有 ON/OFF 的选项，就是说只能控制开 / 关状态。但"模拟输出"积木可以赋不同的数值。

拖曳 ![模拟输出 管脚 3 ▼ 赋值为 0] 积木到初始化与循环积木的循环区域，程序如右图所示。当我们将某一管脚赋值为 0 时，与其相连的 LED 灯会熄灭。

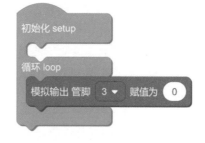

▶ 步骤 2：建立新的电路连接

为了让 LED 灯被模拟输出的管脚 3 控制，需要使用 Grove 电缆将模拟输出管脚 3（D3）连接到 LED 模块的插座，连接效果和实物连接图如右图所示。连接完毕后，再用 USB 数据线将入门套件和计算机连接，并在 Codecraft 上连接设备。

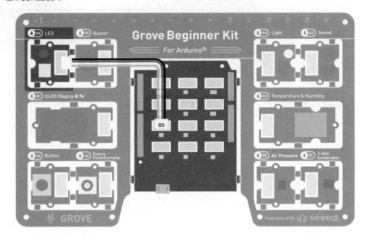

▶ 步骤 3：修改赋值改变 LED 灯的亮度

首先将"赋值"修改为 255（最大值），如右图所示。

上传程序。上传后可以看到 LED 灯常亮，效果如下图所示。

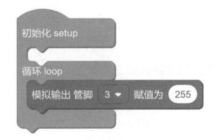

然后修改"赋值"为 122，修改后的程序如右图所示。再次上传程序，可以看到 LED 灯的亮度变暗。

现在 LED 灯的亮度应该降低为刚刚的一半了，因为我们只为其提供最大输出（电压）的一半。你可能已经猜到了，我们可以

输入 0~255 的任意数字作为赋值，以此
来调整 LED 灯的亮度。

▶ 步骤 4：实现让 LED 灯渐亮的效果

通过复制并修改数值，最终形成右图
所示的程序。

此程序将使 LED 灯在 6s 内将其亮
度从零（不亮）更改为最大亮度。

在以后的课程中，我们将提供一种更
优雅的方法来编写相同的代码。

1. 尝试在能看到 LED 灯发光时寻找
模拟输出的最小值。
2. 更改最后的代码样本以使 LED 灯
逐渐熄灭（将亮度从最高逐渐降为最
低）。
3. 输入数字超出范围会产生什么影
响？例如 -1 或者 256。

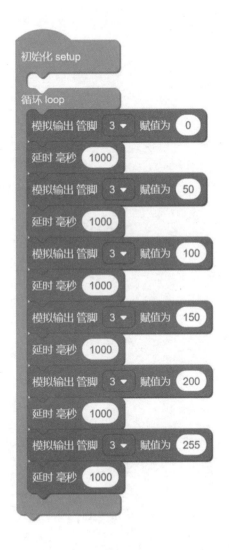

L2-LED 调光 .cdc

第3课
循环与变量 —— LED "呼吸灯"

　　第 2 课通过程序，成功让 LED 灯实现了"分级"的亮度变化调节（分 6 次逐渐变亮）。唯一让人纠结的是代码有一点长，另外必须手动复制和粘贴积木块。这个复制和粘贴的过程虽然很枯燥，但还是在能接受的范围内。试想一下，由数百个 LED 灯组成的 3D 立方体，如果我们希望它们各自按不同的节奏逐渐变暗或者发光，或者同时将亮度按步长为 1 逐渐变亮或变暗…… 如果还用第 2 课介绍的编程控制方法，想想都会让人发疯。有没有更简单优雅的方法可以做到这一点呢？当然！

背景知识

为了解决这个问题，让我们先了解一下计算机的工作方式。

最早的计算机是非常巨大的，就像右图所示的 1946 年的 ENIAC（电子数字积分计算机）。它们真正做的只是"计算数字"：解决冗长、困难或乏味的数学问题。

如今，计算机可以处理各种各样的问题，但从本质上讲，它们仍然是计算数字。如下图所示，你可以将编程语言看作一台语言翻译机，用于将人类理解的单词（例如 if、else、while 等）翻译为由长长的 0 和 1 组成的机器语言。在编写程序时，用户向计算机提供一组命令，并期望基于这些命令得到一定的结果。

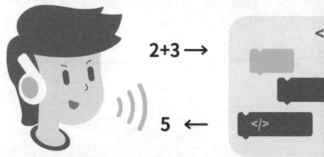

循环

　　计算机最拿手的事情之一，就是快速完成大量重复性任务。借助编程语言中的"循环"，就可以告诉计算机要做哪些重复的事情。

　　让我们举个部落任务的例子。在某个原始部落，部落的长老安排年轻力壮的阿松去收集 10 捆木柴。长老给阿松下达的任务可以用下面的循环来实现。

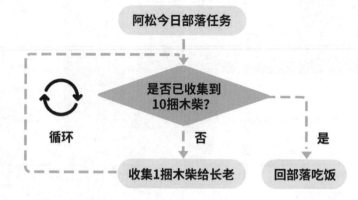

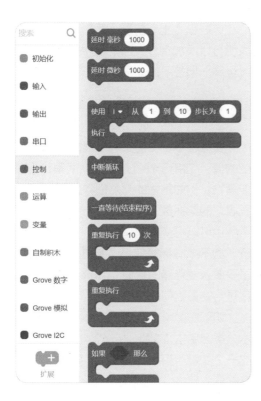

循环通常由以下一项或多项构成：

- 一个使用特定值初始化的计数器——这是循环的起点（阿松今日部落任务中收集的木柴捆数，初始值是 0）。

- 一个循环条件 —— 通过一个 true（真）/ false（假）测试，以确定循环是继续运行还是停止（阿松收集的柴捆是否达到 10 个？）。

- 一个迭代器 —— 通常在每个连续的循环中使计数器递增一个量，直到条件无法再继续（阿松每收集一捆柴送回部落，长老都会在心里把柴捆数 +1）。

如左图所示，在 Codecraft 的积木分类区单击"控制"标签，可以看到几个和循环有关的积木。

能够构成循环的积木如下：

可以指定步长的循环

可以指定次数的循环

满足指定条件就结束循环

满足指定条件就继续循环

无限循环

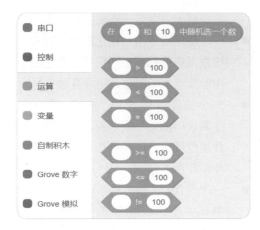

这些积木里有■■（菱形）图案的，表明可以添加条件判断的积木，就如左图"运算"标签下的菱形积木一样。

变量

在编程中，变量是可以根据条件而改变的值，它用于在程序执行期间跟踪重要事物。例如刚才的部落任务里，"阿松已收集的柴捆数"，就是一个变量。

也可以把变量理解为一个带标签的盒子，盒子上的标签就是"变量名"，往盒子里放入要存储的数值（也可以是字符），就是给变量赋值的过程。

如下左图所示，在 Codecraft 的积木分类区单击"变量"标签，可以看到"建立一个变量"积木，就是说，要使用变量就需要先建立。

创建变量时，需要为新变量输入变量名，如下图所示，我们输入"阿松已收集的柴捆数"。

单击"确定"按钮后，如右图所示，多出了 3 个积木，可以用于程序中。

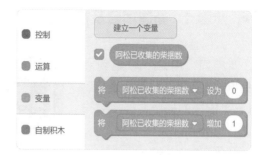

任务 1: 使用循环与变量编写 LED 灯调光程序

有了循环与变量，看看如何用它们来显著缩短第 2 课中编写的程序（如右图所示），并大幅增加调光过程中的"平滑"度——由原来的 6 级，增加到 256 级。

大致的编程改造思路如下：

- 创建一个变量：亮度。
- "亮度"变量的初始值为 0。
- 建立一个循环,每循环一次,"亮度"变量的值增加 1,直到变量值达到 255 后结束。

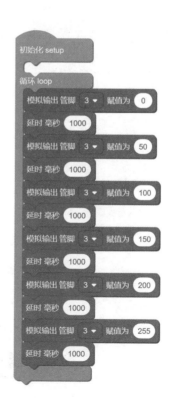

L2-LED 调光 .cdc

▶ 步骤 1：新建项目及初始化

入门套件的电路连接和第
2 课相同，用 Grove 电缆将
模拟输出管脚 3（D3）连接到
LED 模块的插座，连接效果
如右图所示。

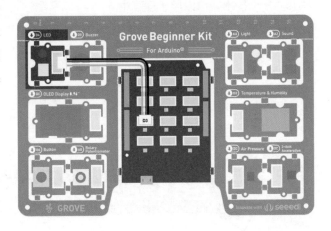

在 Codecraft 创建新
的 Arduino Uno/Mega/
BeginnerKit 程序，并命名项
目名称为"循环与变量 –LED
调光"。向工作区拖曳初始化
与循环积木，如下图所示。

▶ 步骤 2：创建变量"亮度"

创建变量"亮度"后，将"将 亮度 设为 0"积木拖曳到初始化与循环积木的循
环区域，如下图所示。

▶ **步骤 3：添加循环**

因为期望"亮度"的值到达 255 时循环结束，所以使用下图所示的"重复执行直到……"积木。

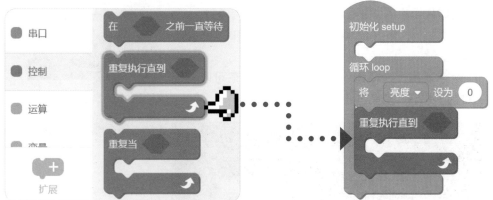

在 Codecraft 的积木分类区单击"运算"标签，拖曳小手所指积木到"重复执行直到……"积木中的菱形区域，如下图所示。

在 Codecraft 的积木分类区单击"变量"标签，拖曳"亮度"积木到"重复执行直到……"积木中的菱形区域，如下图所示。

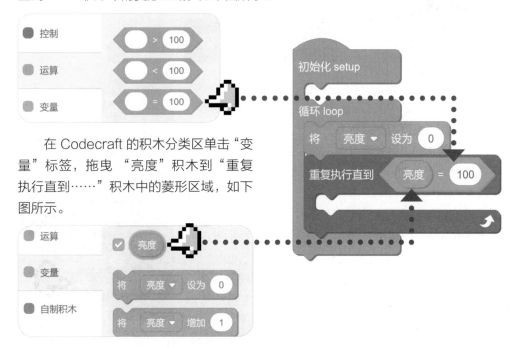

▶ **步骤 4：实现亮度控制**

　　根据第 2 课的知识，向循环内部添加有关亮度控制的积木。因为亮度分级增加（由 6 级增加到 256 级），所以延时由原来的 1000 毫秒缩短到 5 毫秒。另外，循环内部添加了"将 亮度 增加 1"积木，最终的程序如右图所示。

　　保存项目，并将程序上传至设备，现在可以看到 LED 灯"平滑"渐亮过程。

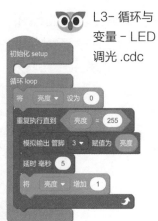

L3- 循环与变量 – LED 调光 .cdc

任务 2：LED 呼吸灯效

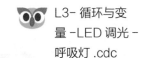

L3- 循环与变量 –LED 调光 – 呼吸灯 .cdc

　　现在 LED 变亮的过程很完美，但到达最亮的时候，会忽然变黑（亮度忽然回到 0）。

　　将任务 1 的项目名称改为"循环与变量 –LED 调光 – 呼吸灯"。下面对程序稍做改进，让变暗的过程也变得平滑。

　　只需要复制变亮循环部分的积木块，并修改两处的数值即可，如右图小手所指。上传程序后，我们就能看到 LED 灯顺滑地亮起和熄灭了。

　　从突然熄灭到平滑渐暗，我们增加的程序并不多，但 LED 呼吸灯"呼吸"一次（从黑到最亮，再回到黑），一共实施了 2 × 256 = 512 次的亮度控制。

1. 将任务 2 程序中"模拟输出 管脚 3 赋值为……"积木，使用"Grove 模拟"下
   的"LED 灯 管脚 3 设为 0"替换。程序如下图所示，将程序上传到设备，比较
   和任务 2 的差异。

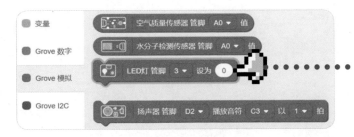

2. 通过将运算符号从"等于"更改为"小
   于"或"大于"，来实现任务 2。
3. 尝试使用"重复当……"积木块重
   写任务 2。

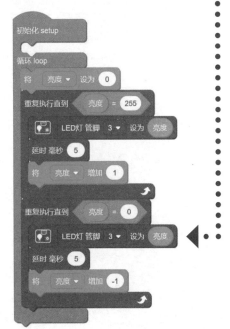

 L3- 循 环 与 变 量 -LED
调光 - 呼吸灯 - 拓展 .cdc

第4课

条件语句——用按键控制开关灯

　　早期的机器人大多看上去很蠢笨，因为它们只能执行预先指定的重复性任务，即使环境发生极其微小的变化，也可能会破坏正常的程序，并使它们完全无用。后来加入了更多交互控制功能，让使用者能够根据需要或机器的状况重新下达指令。前面几节课所学的程序就像那些萌蠢的机器人一样死板，使用者无法与硬件进行实际上的交互，只能输入程序然后查看结果，现在是时候做一些改变了。

　　本课将使用机器控制中最常用的交互设备之一 —— 按键，我们将学习如何用它来控制 LED 灯的开关。

背景知识

条件判断

　　闭合和断开物理电路是第一步，第二步是使微控制器的程序能根据闭合和断开的状况做出反应，这就需要用到条件判断。

　　还以第 3 课中"部落任务"为例，部落长老这次给阿松安排外出狩猎，阿松只要带回任意猎物，就可以回部落吃饭，这个过程如下图所示。

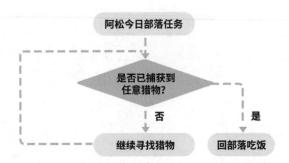

长老会检查阿松回来时是否携带猎物，作为条件判断的依据。而在编程过程中，我们可以将用户是否按下按键，作为条件判断的依据。

在 Codecraft 的积木分类区单击"控制"标签，可以看到几个和条件判断有关的积木，如右图所示。

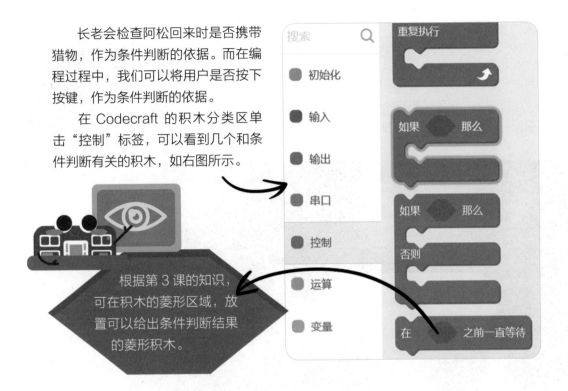

根据第 3 课的知识，可在积木的菱形区域，放置可以给出条件判断结果的菱形积木。

最常用的条件判断积木如下图所示。

如果满足指定条件，则执行"那么"包含区域的程序。

如果满足指定条件，则执行"那么"包含区域的程序；如果不满足，则执行"否则"区域的程序。

入门套件里的按键模块

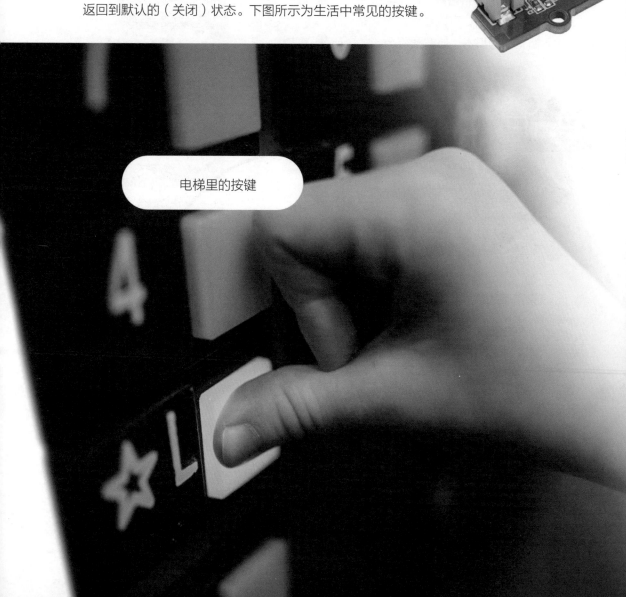

　　在本课中，我们将通过一个新模块与入门套件进行交互——按键（单独按键模块如右图所示）。

　　按键是一个简单的开关，它具有机械结构，可以使其返回到默认的（关闭）状态。下图所示为生活中常见的按键。

电梯里的按键

满是按键的游戏手柄

汽车里也有很多按键

右图指示了按键模块在入门套件里的位置，标注 Button 的模块就是按键模块的位置。独立的按键模块如右图箭头所指。

按键的功能本质，就是给电路添加"通/断"的交互手段，所以按键常被用作开关。开关是控制电路的闭合或断开的组件，在接通状态下，电路闭合，电流可以在导线内部流动；在断开状态下，电路断开，电流无法流动（如下图所示）。开关是任何需要用户交互或控制的电路中的关键组件。

在 Codecraft 的积木分类区单击"Grove 数字"标签，可以找到一个和按键有关的积木，如左图小手所指。

按键可用的积木呈菱形，看形状应该是可以用于条件判断有关的积木。

任务：编写用按键控制 LED 灯光的程序

首先需要设计期望程序获得的效果：

- 设备开启时 LED 灯为关。
- LED 灯有两种状态：开和关。
- 按下按键，将改变 LED 灯当前的状态，如果当前 LED 灯为开，则按下按键后 LED 灯会关；如果当前 LED 灯为关，则按下按键后 LED 灯会亮，如此反复。

　　因为目前的需求不需要像第 2、3 课那样控制 LED 灯的亮度，所以不需要用到模拟控制，也就无须在入门套件上为 LED 模块接线。

▶ 步骤 1：新建项目及初始化

　　在 Codecraft 创建新的 Arduino Uno/Mega/Beginner 程序，并命名项目名称为"按键 LED 开关"。向工作区拖曳初始化与循环积木，如下图所示。

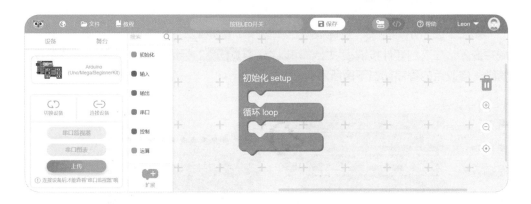

▶ 步骤 2：创建变量"开关"

　　每次按下按键时，LED 灯的开关状态都会变化，所以我们需要一个变量来记录 LED 灯的开关状态。

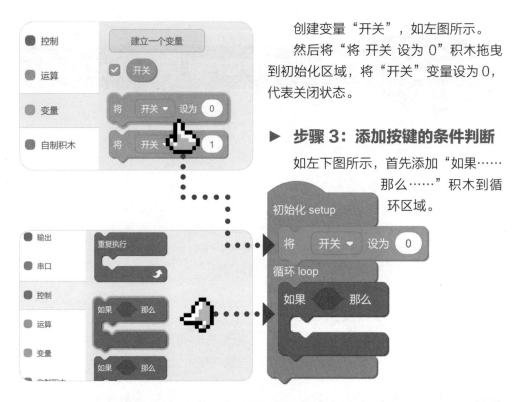

创建变量"开关",如左图所示。

然后将"将 开关 设为 0"积木拖曳到初始化区域,将"开关"变量设为 0,代表关闭状态。

▶ **步骤 3:添加按键的条件判断**

如左下图所示,首先添加"如果……那么……"积木到循环区域。

如左下图所示,拖曳"按键模块正在被按下管脚 D2"积木到条件判断的菱形区域并嵌入。在入门套件按键模块上,可以看到 D6 Button 的标记,代表按键使用的是 **D6** 管脚,修改后的程序如右下图所示。

现在我们已经可以判断用户是否按下按键，如果已经按下，需要继续做进一步的判断：

- 如果当前变量"开关"= 0，就把变量"开关"设置为 1。
- 如果当前变量"开关"= 1，就把变量"开关"设置为 0。

以此添加积木，程序如右图所示。

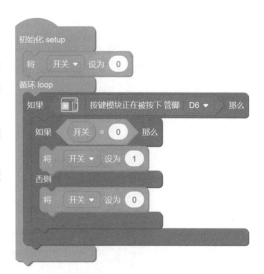

▶ 步骤 4：添加 LED 设备控制

剩下的工作就需要 LED 灯能按"开关"变量的状态进行显示。利用第 1 课的知识，完成后的程序如右图所示。注意，LED 灯的管脚要修改为 D4 。

将程序上传到入门套件，就能看到按键按下时灯会亮起，但好像有问题：有时按键按下会亮，但松开就灭；有时按键按下会灭，但松开又亮了……总之，体验上是不符合预期的。究其原因，是因为按键过于"灵敏"，当我们按下按键再松开，开关因为物理接触的原因，会亮灭很多次。如果要符合预期，就需要做一些"钝化"处理。

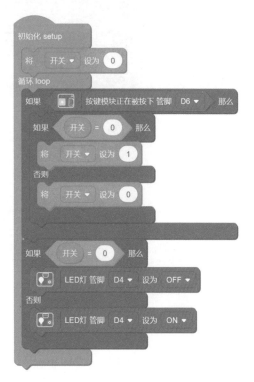

▶ **步骤 5："钝化"按键**

钝化的手段其实很简单，就是在完成 1 次按键条件判断并处理后，添加 500ms 的等待，这个时长与人按下按键所需的时间基本相当。最终完成的程序如下图所示。

L4- 按键 LED 开关 .cdc

现在完全不用担心按下会有不符预期的结果了。

1. 修改程序：按下按键，让 LED 灯亮 5s 后自动熄灭。
2. 如果每次按下按键，期望 LED 灯逐步变亮或变暗，该如何设置硬件和软件？
3. 如果每次按下按键，期望按下 3s 后才让 LED 灯直接点亮，该如何设置硬件和软件？

第5课

用旋钮调节 LED 灯的亮度

很难想象这个世界如果只有黑白两色会是什么样子。在第 4 课，我们已经能够通过按键进行数字式的开关控制，但感觉还是会有很多的局限。物理世界中有许多无法通过简单"开"或"关"状态来测量或控制的值，例如温度、湿度、角度、音量……在本课中，我们将通过学习旋转式电位器（旋钮）的使用更进一步进入模拟电路领域！

背景知识

广泛使用的旋钮（旋转式电位计）

　　无论是家电还是工业设备，旋转式电位计（旋钮）被广泛地应用在对设备的控制上。如下图所示，旋钮在需要进行音量调节的设备上大量使用。

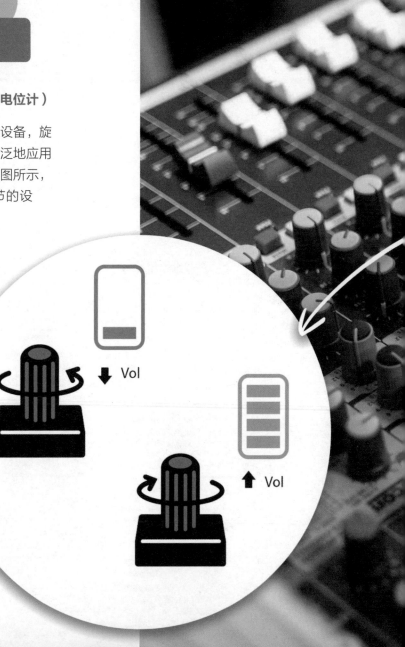

Vol

Vol

如下图所示，入门套件标记有  的模块，就提供了一个旋转式电位计。独立的旋转式电位计如右图所示。

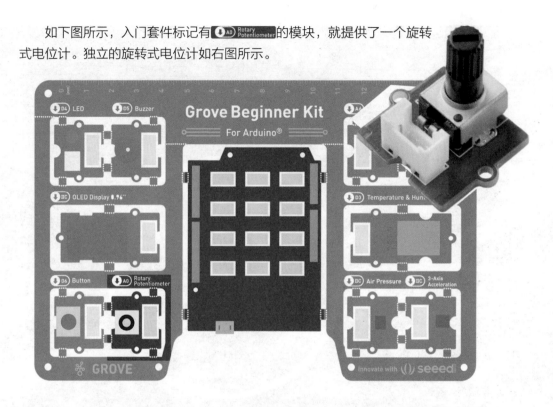

旋转式电位计的原理是什么呢？通过前面的学习可以认识到，改变通过 LED 灯的电流，可以影响它的工作情况，利用旋转式电位计改变音箱的音量也是如此。根据第 2 课中介绍的欧姆定律可知，想要改变电路电流的大小，可以通过改变用电器两端的**电压**和改变电路中的**电阻**两种方式来实现，通常通过改变电阻来实现对电流的改变。

影响电阻大小的因素

如何才能改变电阻的大小呢？首先需要明白电阻受哪些因素的影响。如右图所示，是家庭装修中较为常见的电线，可以看到，有的电线是铜芯，有的是铝芯；有的电线很粗，有的则很细。

不同材质的金属电线，其导电能力是不一样的。右边的表格所示是不同材料的导电能力（以20℃下的电阻率值为例），从上往下，材料的导电能力逐渐降低。

可以看到，铜的导电能力比铝强，因此在相同的条件下，铜线的电阻比铝线小。虽然通过改变导体材质可以改变电阻，但显然，旋钮式电位计并不是通过改变电线的材质来改变电阻的。

除了材质，导体的粗细也影响电阻大小。在金属导线中，电子定向移动形成电流，导线的横截面积越大，电子移动的路径就越宽，就像河水流动一样，电子受到的阻碍作用会越小，因此电阻越小。这就是为什么有的电线很粗。但显然，旋转式电位计也不是通过改变电线的粗细来改变电阻的。

除了材质和横截面积，还有一种影响电阻的因素，那就是电线的长度。历史上爱迪生曾经力推过一种直流供电系统，但是最后不得不放弃，其主要原因就是从发电站向用户供电时，由于输电导线的长度增加，使得导线的电阻不断增大，大部分电能都损耗在输电线上。为了向用户供电，爱迪生不得不每隔 1km 就修一座发电站，最后因为成本投入过高而不得不放弃。

材料	电阻率 $\rho / \Omega \cdot m$（20℃）
银	1.59×10^{-8}
铜	1.68×10^{-8}
金	2.44×10^{-8}
铝	2.82×10^{-8}
镍	6.99×10^{-8}
锂	9.28×10^{-8}
铁	1.0×10^{-7}
不锈钢	6.9×10^{-7}
汞	9.8×10^{-7}
无定形碳	$5 \times 10^{-4} \sim 8 \times 10^{-4}$
碳（金刚石）	1×10^{12}
海水	2×10^{-1}
饮用水	$2 \times 10^{1} \sim 2 \times 10^{3}$
硅	6.40×10^{2}
玻璃	$10 \times 10^{10} \sim 10 \times 10^{14}$
硬橡胶	1×10^{13}
干木材	$1 \times 10^{14-16}$
空气	$1.3 \times 10^{16} \sim 3.3 \times 10^{16}$
石蜡	1×10^{17}
的确良	10×10^{20}
铁氟龙	$10 \times 10^{22} \sim 10 \times 10^{24}$

可以看到，导线长度对电阻有着明显的影响，在初中物理中，便出现了通过改变连入电路的电阻线长度来改变电阻大小的仪器，这就是滑动变阻器，如上图所示。

旋转式电位计，就是通过这样的方式实现了对电阻的改变，其结构和工作原理如下图所示（单位 Ω ）。

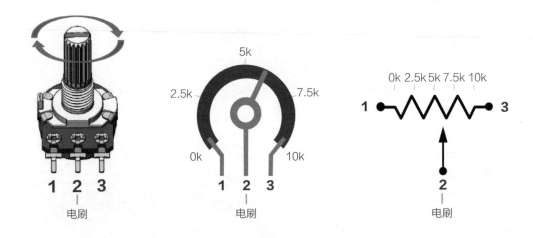

旋转式电位计可以改变在其内部流动的电流的电阻，也可以将大电压变成小电压。用科学术语来说，电位计可以用作可变电阻器或分压器。

第3课实现的 LED "呼吸灯"效果，是通过程序改变管脚的输出电压来使得 LED 灯变亮或变暗。使用旋转式电位计调节 LED 灯的亮度，本质也是通过调节电阻，从而改变通过 LED 灯的电流以及 LED 灯的电压。

模拟信号与数字信号

在电子学领域会经常遇到 2 个基本概念：模拟信号与数字信号。

模拟信号

如下图所示，是指用连续变化的物理量所表达的信息，如温度、湿度、压力、长度、电流、电压等，通常又把模拟信号称为连续信号，它在一定的时间范围内可以有无限多个不同的取值。

数字信号

如下图所示，是指在取值上是离散的、不连续的信号。

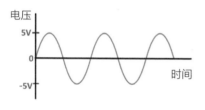

说到数字信号，我们的微控制器如何处理不同于 0 和 1 的值？当微控制器由 5V 电源供电时，它将 0V 理解为二进制 0，将 5V 理解为二进制 1，那么 3.45453546 V 呢？

模拟数字转换器

　　要解释这个问题，我们需要了解"模拟数字转换器"的工程概念。模拟数字转换器简称模数转换器（也简称 A/D 转换器或 ADC，Analog-to-Digital Converter）。在电子产品中，模数转换器是一种将模拟信号（例如，由麦克风拾取的声音或进入数码相机的光）转换为数字信号的系统。ADC 转换器负责测量电压并将其模拟表示（上述 3.45453546V）转换为数字表示。

　　模数转换一般要经过采样、量化和编码这几个步骤。

　　（1）**采样**：是指用每隔一定时间的信号样值序列来代替原来在时间上连续的信号，也就是在时间上将模拟信号离散化。

　　（2）**量化**：是用有限个幅度值近似代表原来连续变化的幅度值，把模拟信号的连续幅度转换为有限数量的、有一定间隔的离散值。

　　（3）**编码**：是按照一定的规律，把量化后的值用二进制数字表示，然后转换成二值或多值的数字信号流。

　　　　以下页图为例，当我们测量某个交流电路里的电压变化时，用**模拟信号**表达就是左边红色的曲线，它描述了电压在变化周期内的连续结果。如果用**数字信号**表达，就获得一串数值，如果我们把数字采样的精度提高，数字柱形图的边缘就会越来越接近模拟信号的边缘。

模拟信号

并非微控制器上的每个引脚都具有进行模数转换的能力。在我们的入门套件上，引脚标签（从 A0 到 A5）前面带有一个"**A**"，表示这些引脚可以读取模拟电压。旋转式电位计已经连接到引脚 A0，微控制器会将这些模拟引脚的电压值，转换为 **0~1023** 的数值。

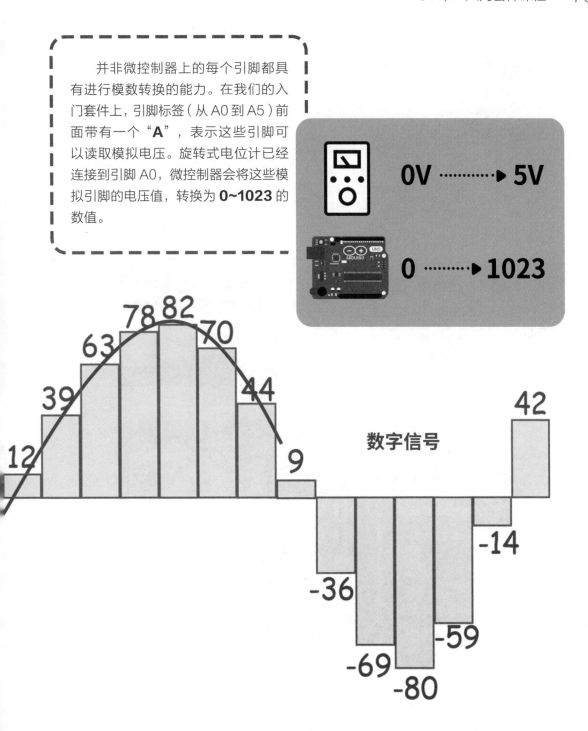

0V ┈┈┈▶ 5V

0 ┈┈┈▶ 1023

12 39 63 78 82 70 44 9

数字信号

42

−14

−36 −59

−69 −80

任务：编程实现用旋转式电位器调节 LED 灯的亮度

在第 3 课任务 1 中，我们使用右边的程序实现了 LED 灯亮度控制。在本任务中，我们将学习如何使用旋转式电位器，来实现对 LED 灯亮度的自由调节。

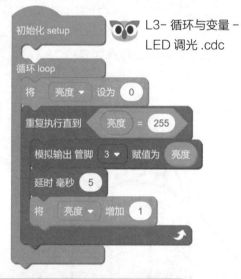

L3- 循环与变量 -
LED 调光 .cdc

▶ 步骤 1：新建项目及初始化

因为要对 LED 灯的亮度实施控制，所以入门套件的电路连接和第 2 课相同，用 Grove 电缆将模拟输出管脚 3（D3）连接到 LED 模块的插座，连接效果如下图所示。

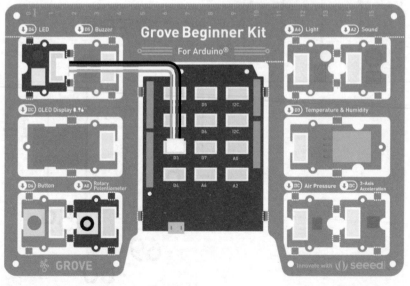

在 Codecraft 创建新的 Arduino Uno/Mega 程序，并命名项目名称为"旋转式电位器调光"。向工作区拖曳初始化与循环积木，如下图所示。

▶ **步骤 2：添加 LED 灯光控制积木**

首先拖曳"输出"标签栏里的"模拟输出管脚 3 赋值为 0"积木，到初始化与循环积木的循环区域。现在我们只需要改变"赋值为"右面的数值，就可以对 LED 灯的亮度进行控制。然后将"Grove 模拟"标签栏里旋转电位计的积木（小手所指）直接拖曳到左图程序所示的位置。

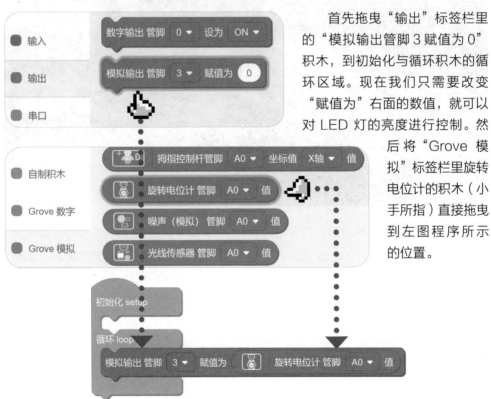

理论上现在 LED 灯的模拟输出管脚 3 的值，已经由旋转式电位器控制了。我们将程序上传到入门套件，如下图所示，尝试转动旋钮。

可以看到，旋转式电位器已经可以对 LED 灯进行亮度调节。只是当旋转一整圈时，亮度会经历几次循环变化。这是因为旋转式电位器的模拟输入返回值为 0~1023，LED 管脚接收的模拟输出值为 0~255。乍一看，这可能会造成混淆 —— 原因是在入门套件的控制板上，它使用两个不同且完全独立的系统来测量电压（模拟输入和 ADC），并输出稳定电压（模拟输出和 PWM）。

如果我们期望旋转一整圈，让 LED 灯正好能从最暗变化到最亮，就需要进行转换。为此将需要利用"**映射功能**"，它能帮助我们将 0~1023 的值重新映射到另一个 0~255 区间。

▶ 步骤 3：添加映射功能

在 Codecraft 的积木分类区单击"运算"标签，在最下方可以看到如下图所示的积木（这里显示为"发射"，实际应该是"映射"的意思）。

添加 "发射 1023 从底 0 从高 1023 至底 0 至高 255"积木到工作区，最后的程序如下图所示。现在可以实现理想的 LED 灯光控制了，一个方向旋转到尽头，可以获得最大亮度；另一个方向旋转到尽头，可以渐渐变暗直到熄灭。

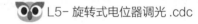

L5- 旋转式电位器调光 .cdc

如何使用旋转式电位器，实现 LED 灯的开关控制(LED 模块不接线到模拟 D3 管脚)?

就像按键一样，只控制 LED 灯的开启和关闭，比如将旋转式电位器旋转过一半就点亮 LED。

注意，本练习要求 LED 模块不能接线到模拟 D3 管脚。

第6课

摩尔斯电码发报机和音乐盒

　　在本课中，我们将学习如何用 Codecraft 给入门套件上的蜂鸣器编程，让它发声，把入门套件变成一个摩尔斯电码发报机。任务 1 将学习如何用蜂鸣器发出正宗的、国际通用求救代码 SOS；任务 2 将学习利用入门套件的按键，做一个发报机。

　　当然，蜂鸣器不只是能响，还能发出指定的音调。任务 3 将学习如何为蜂鸣器编辑简单的旋律，让入门套件变成一个音乐盒。

背景知识

摩尔斯电码

摩尔斯电码是电信中使用的一种信息表达方法，以电报的发明者塞缪尔·摩尔斯（Samuel Morse）命名。

国际摩尔斯电码对 26 个英文字母、一些非英文字母、阿拉伯数字以及少量的标点符号和程序信号进行编码。

• 大写和小写字母之间没有区别。

• 每个摩尔斯电码符号由一系列点（·）和划（—）组成。

• 点持续时间是摩尔斯电码传输中时间测量的基本单位。

• 划的持续时间是点的持续时间的三倍。

• 字符中的每个点或划后跟信号缺失的时间，称为空格，等于点的持续时间。

以标准紧急求救信号 SOS 为例，摩尔斯电码的表达方式如下图所示。如果用声音表达，点代表急促的短音，划代表持续的长音。

SOS（国际摩尔斯电码救难信号）

塞缪尔·摩尔斯

塞缪尔·摩尔斯同时还是一名画家。他为包括两任美国总统在内的诸多名人留下了肖像，同时也参与创建了纽约绘画协会，即如今的美国国家设计学院前身。

可见，摩尔斯电码实质上是通过对持续时间进行编码，从而传递信号。有了这样的编码规则，人们可以用很多方式来呈现持续时间，比如断续发出声音、断续点亮探照灯（如右图所示）等，最终实现发送信息的目的。

摩尔斯电码使用最多的是在通信还不发达时期，人们通过无线电利用摩尔斯电码进行远距离的信息传递。右下图和下图这台古旧的设备就是早期的发报设备，操作员通过按压右侧的圆形手柄，来控制发报的长短信号。

如果你对摩尔斯密码有兴趣，可以访问网站 https://morsedecoder.com，该网站可以将你输入的字母和数字内容，翻译为摩尔斯电码，并提供声音文件的下载。

蜂鸣器

　　蜂鸣器是一种一体化结构的电子发声器件，依靠电信号的输入来发出声音，蜂鸣器常安装在电子产品上用于发声。蜂鸣器有两种类型，一种是主动式（有源蜂鸣器），另一种是被动式（无源蜂鸣器），如下图所示。

● **主动式蜂鸣器**：内部有一个简单的振荡电路，接通直流电源后，蜂鸣器能将恒定的直流电转化成一定频率的脉冲信号，从而带动内部的铝片振动发声。主动式蜂鸣器通常只能发出一些固定音调（频率）的声音，广泛应用于计算机、打印机、复印机、报警器、电子玩具、汽车电子、电话、定时器等电子产品的发声装置。

● **被动式蜂鸣器**：此类蜂鸣器的工作原理与扬声器相同，内部没有振荡源，必须接入变化的电流信号才能工作，通常采用不同频率的方波信号来驱动。被动式蜂鸣器产生的声音会根据输入信号的变化而变化，能够像扬声器一样输出多样化的声音，而不只是发出固定的单一音调（频率）的声音。

主动式蜂鸣器

直流信号输入 →　　　　　　　　　→ 蜂鸣器输出

被动式蜂鸣器

方波输入 →　　　　　　　　　→ 蜂鸣器输出

入门套件里的蜂鸣器

在本入门套件中的蜂鸣器是一个被动式蜂鸣器，位置如下图所示，标记有 D5 Buzzer 的模块。

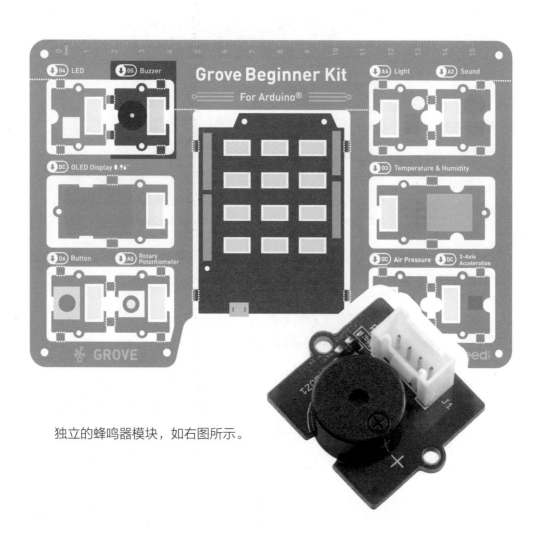

独立的蜂鸣器模块，如右图所示。

我们再看看，Codecraft 里可以使用蜂鸣器的积木有哪些。

在 Codecraft 的积木分类区单击"**Grove 数字**"标签，可以看到"**蜂鸣器 管脚 D2 设为 ON**"积木，如下图所示。这是以数字方式（开关方式）使用蜂鸣器，看来可以用它来发摩尔斯电码。

在 Codecraft 的积木分类区单击"**Grove 模拟**"标签，可以看到"**蜂鸣器 管脚 D2 播放音符 C3 以 1 拍**"积木，如下图所示。

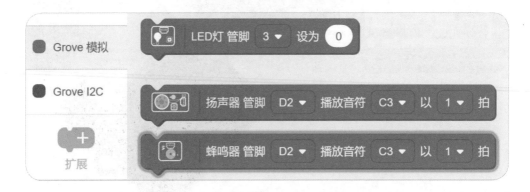

使用模拟输出的方式控制蜂鸣器，通过调节蜂鸣器振动频率和时长，发出不同音色的音调与不同长度的节拍，这样通过积木块的组合，用它来演奏不同的音乐。

任务 1：自动以摩尔斯电码发出 SOS 求救信号

▶ 步骤 1：计算准备

在开始编程之前，再重温一下下图所示的标准紧急求救信号 SOS 的摩尔斯电码的表达方式。

把这个声音文件导入音频编辑软件，如下图所示，可以看到声音的波形和摩尔斯电码的表达是一致的。音频软件上显示的时间刻度，可以用作对蜂鸣器开关所需时间的参考。

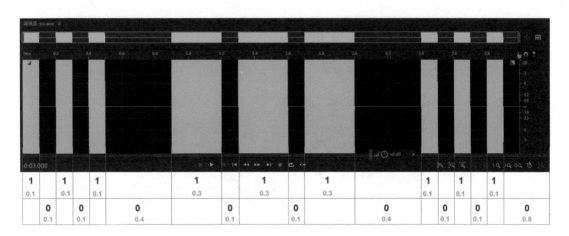

为了有助于完成编程，我们在上图下方添加蜂鸣器的开关标记。黑色 1 代表需要开启蜂鸣器，黑色 0 代表需要关闭蜂鸣器，灰色 0.1 代表不同状态需要延迟的时间是100ms。有了这个序列，就可以为蜂鸣器设置何时开、何时关，以及每次开关的延时。为了让信号能持续循环发送，关闭后设置 800ms 的延时，以区隔下一次信号发送。

▶ 步骤 2：新建项目及初始化

在 Codecraft 创建新的 Arduino Uno/Mega 程序，并命名项目名称为"摩尔斯电码 –SOS"。向工作区拖曳初始化与循环积木，如下图所示。

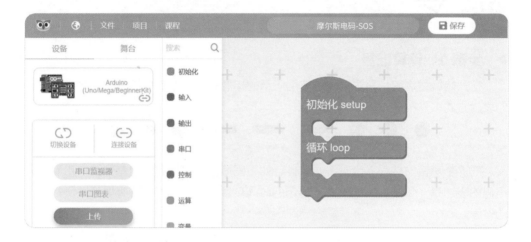

▶ 步骤 3：完成 SOS 的摩尔斯电码自动发报程序

拖曳积木"蜂鸣器 管脚 D2 设为 ON"到初始化与循环积木的循环区域，如下图所示。

注意蜂鸣器模块上标记有 D5 Buzzer，意味着需要将添加的积木中的 D2 修改为 D5，修改后再添加延时积木，并按 SOS 的波形图下的列表复制积木，最终发送 SOS 摩尔斯电码的程序如下页所示。

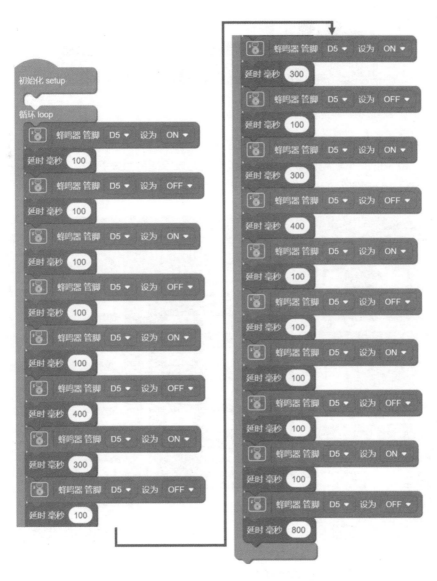

L6- 摩尔斯电码 -SOS.cdc

将程序上传到入门套件，就可以听到持续不断的 SOS 发报声音了。

任务1把入门套件变成了一个自动的 SOS 发报机，只要接上电，蜂鸣器就不停地播放 SOS 的摩尔斯电码。如果能把按键作为蜂鸣器的触发开关，那么我们就有了一台发报机。任务涉及的模块如下图所示。

▶ 步骤1：新建项目及初始化

在 Codecraft 创建新的 Arduino Uno/Mega 程序，并命名项目名称为"发报机"。然后向工作区拖曳初始化与循环积木。

▶ **步骤 2：完成发报机程序**

根据任务要求，列出发报机程序的步骤如下：

- 当入门套件里的按键被按下时，蜂鸣器开启。
- 当入门套件里的按键被松开时，蜂鸣器关闭。

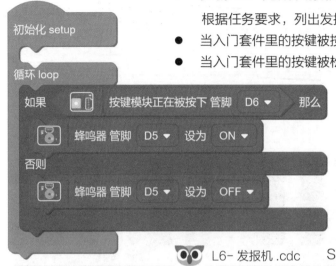

L6- 发报机 .cdc

由此添加相应的积木，最终的程序如左图所示。注意修改管脚编号，让设备标准的编号与软件中的保持一致。

现在，可以通过入门套件的按键，进行"手动"发报了，练习一下手动发 SOS 的摩尔斯电码。

任务 3：做一个音乐盒

在 Codecraft 的积木分类区单击"Grove 模拟"标签，可以找到如下图所示的积木"蜂鸣器 管脚 D2 播放音符 C3 以 1 拍"，从积木的提示看可以播放音符。

▶ **步骤 1：音调记号法的简单介绍**

这里用来表示音符的 C3 是音乐里的音调记号法。

记号法和五线谱的对应关系如下页图所示：

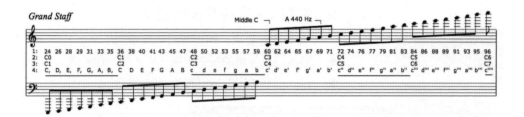

对应在钢琴琴键上的位置如下图所示：

有了这些知识，我们可以尝试用入门套件里的蜂鸣器，演奏一段从 C3 到 C4 的音阶。音阶播放的序列是：C3 → D3 → E3 → F3 → G3 → A3 → B3 → C4。

▶ 步骤 2：新建项目及初始化

在 Codecraft 创建新的 Arduino Uno/Mega/BeginnerKit 程序，并命名项目名称为"音乐盒"。然后向工作区拖曳初始化与循环积木。

▶ 步骤 3：完成音乐盒程序

根据音乐播放序列 C3 → D3 → E3 → F3 → G3 → A3 → B3 → C4，逐一添加积木"蜂鸣器 管脚 D2 播放音符 C3 以 1 拍"并修改播放音符，最终的程序如下页"L6-音乐盒.cdc"所示。为了让旋律不那么单调，每隔一个音符，将拍子修改为 1/2 拍。

将程序上传到入门套件测试播放效果，因为蜂鸣器构造简单，所以播放的音符会显得很生硬。

初始化 setup

循环 loop

L6- 音乐盒 .cdc

蜂鸣器 管脚	D5 ▾	播放音符	C3 ▾	以	1 ▾	拍
蜂鸣器 管脚	D5 ▾	播放音符	D3 ▾	以	1/2 ▾	拍
蜂鸣器 管脚	D5 ▾	播放音符	E3 ▾	以	1 ▾	拍
蜂鸣器 管脚	D5 ▾	播放音符	F3 ▾	以	1/2 ▾	拍
蜂鸣器 管脚	D5 ▾	播放音符	G3 ▾	以	1 ▾	拍
蜂鸣器 管脚	D5 ▾	播放音符	A3 ▾	以	1/2 ▾	拍
蜂鸣器 管脚	D5 ▾	播放音符	B3 ▾	以	1 ▾	拍
蜂鸣器 管脚	D5 ▾	播放音符	C4 ▾	以	1/2 ▾	拍

拓展练习

1. 尝试使用 Grove 电线将蜂鸣器连接到其他引脚，试试看它还会正常工作吗？

2. 尝试使用第 5 课中有关旋转式电位器的程序，通过旋转旋钮来更改蜂鸣器的音调。

3. 为任务 1 和任务 2 添加 LED 灯的效果。然后使用添加了 LED 灯效果的发报机，以及摩尔斯电码规则，和你的同学一起练习发报和接收。练习时，一位同学先将一段信息转换为摩尔斯电码，然后使用发报机进行发报；另一位同学观察发报过程中的 LED 灯信号，从而记录下摩尔斯电码，再翻译出相应的信息。

第7课
点亮 OLED 显示屏，开启可视化交互

到目前为止，我们仅使用了相对简单的输出模块与用户交互 —— LED 模块和蜂鸣器模块。 如果项目目的只是就某些状况，给用户发出声光反馈或提醒（比如当用户忘记关闭水龙头或关门，给出鸣叫提示或灯光闪烁提示），那么有这两个模块就足够了。如果应用场景需要更丰富的交互，比如展示当前的温度和湿度的确切数值，旋钮转动的同时显示代表音量大小的图形动画反馈等，可以使用入门套件上的 OLED 显示屏满足可视化交互的需求。

背景知识

CRT 显示器

　　早期的显示器使用阴极射线管进行工作，主要由电子枪、偏转线圈、荫罩、高压石墨电极、荧光粉涂层及玻璃外壳等结构组成，称为 CRT 显示器，如下图所示。CRT 显示器通过发射电子束打击荧幕上面的荧光粉来达到显示目的，在电子束经过的地方加上电磁场（通过要显示的画面信号来控制电磁场强弱），从而影响电子束的偏移，让电子束一行一行地扫射屏幕，最终实现画面的显示。早期的计算机、电视机都是使用 CRT 显示器工作的。碍于电子束扫描的限制，CRT 显示器的显示效果并不能跟上时代的步伐，已经被淘汰。

屏幕像素

　　LED 和 OLED 显示屏，是目前最常用的电子显示器，这些屏幕都存在最小的显示单元，这些显示屏幕上所能显示的最小单位称为屏幕像素，它具有真实的物理尺寸，通常为正方形。我们在户外看到的很多显示屏，从远处看似乎是一个整块，但靠近观察便可发现，它们都是由一个一个紧挨着的小单元组成的，这些小单元就是一个像素，如下图所示。

　　通过控制每一个单元的亮度，就可以在屏幕上显示出各种各样的文字和图像信息。显然，为了提高显示的效果，每一个单元的体积大小应该越小越好，这样在单位尺寸的屏幕上能够存在的单元数量就越多，文字和图像看起来就更加清晰真实，如下图展示了 1080P（左图）和 4K（右图）分辨率显示屏的像素密度差异。

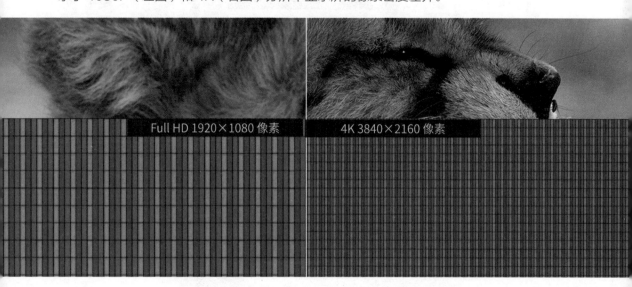

Full HD 1920×1080 像素　　4K 3840×2160 像素

入门套件里的 OLED 显示屏

在入门套件中有一个 OLED 显示屏，如下图所示。

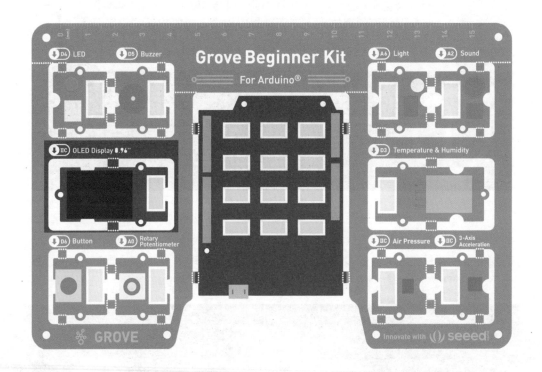

OLED 显示屏模块有 0.96 英寸大小，单色（白色），能提供的分辨率为 128 × 64 像素，可以理解为有 128 x 64 = 8192 个极小的白光 LED，被极其紧密地排列在拇指盖大小的区域内。单独看这个模块如右图所示。

如下图所示把 128 × 64 屏幕放大，这里每一个白点就是一个小的 LED，这就是前文中所说的"像素"。

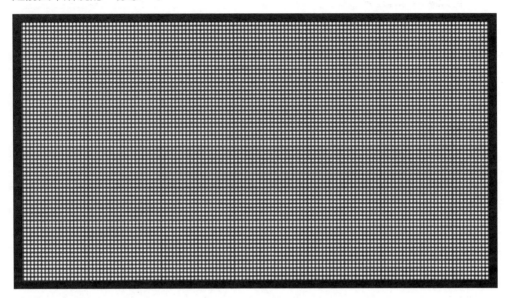

幸运的是，我们并不需要像控制 LED 灯一样去控制每个像素该如何显示。Codecraft 提供了可以直接使用 OLED 显示屏的积木，只需在程序里调用，就可以显示文字或图案。OLED 显示屏模块使用的是可变的 I²C 地址，所以我们能在 Codecraft 积木分类区的"Grove I2C"标签下找到有关 0.96 寸①OLED 屏幕的积木，总共有 3 个，如下图所示。

① 此处"寸"是指"英寸"。

特别提醒

　　OLED 屏幕 在 Codecraft 使用显示字符串的积木，可以在程序里输入中文字符串，但设备并不支持中文显示。如果需要在 OLED 上显示中文，需要较高阶的编程水平，不在本教程内介绍。

任务 1：在 OLED 屏幕上显示 Hello World！

　　这个任务，我们将尝试在 OLED 屏幕上显示字符串"Hello World！"。

▶ **步骤 1：新建项目及初始化**

　　在 Codecraft 创建新的 Arduino Uno/Mega/BeginnerKit 程序，并命名项目名称为"OLED-HelloWorld"。向工作区拖曳初始化与循环积木，如下图所示。

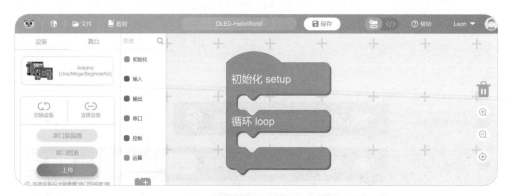

▶ **步骤 2：添加显示字符串积木**

　　单击 Codecraft 积木分类区的"Grove I2C"标签，拖曳"0.96 寸 OLED 屏幕显示字符串 hello 第 1 行，第 1 列"积木到循环区域。

拖曳积木后，修改字符串文案为"Hello World!"，过程、程序和效果如下图所示。

L7-OLED-HelloWorld.cdc

任务 2：在 OLED 屏幕上显示旋转式电位器的数值

知道了如何将文字显示到 OLED 屏幕，可以进一步尝试显示旋转式电位器的调节输出数值（0~1023 的数字）。任务涉及的模块如右图所示。

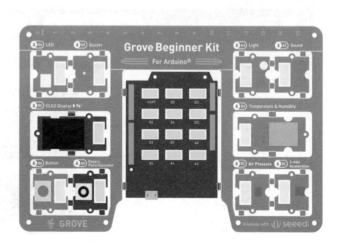

▶ **步骤 1：修改项目名称**

本任务的程序将在任务 1 的基础上进行改进，保存任务 1 的程序后，在 Codecraft 顶部修改项目名称为 "OLED- 旋转式电位器数值"。

然后修改字符 "Hello World!" 为 "Rotary Angle Sensor:"（旋转式电位计的英文），目的是告知用户准备显示哪个设备的值，现在程序如下图所示。

▶ **步骤 2：添加旋转式电位器的调节数值显示**

将显示字符串的积木复制，然后单击积木分类区的 "Grove 模拟" 标签，拖曳 "旋转电位计 管脚 A0 值" 积木到刚才复制的积木的文本栏。旋转电位计的值在第 2 行显示，因此将 "第 1 行" 的 "1" 改为 "2"，现在程序如下图所示。

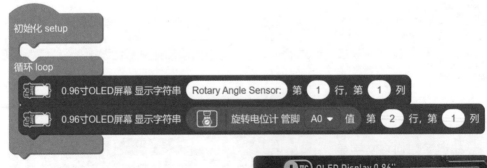

上传到入门套件后，尝试旋转旋钮，可能会看到右图的状况。

这显然与我们的预期不符，问题出在哪里呢？

► **步骤 3：通过转字符串积木显示读数**

导致错误的原因是我们把变量放入了字符串里。如下图所示，单击积木分类区的"运算"标签，可以找到"转字符串"积木。

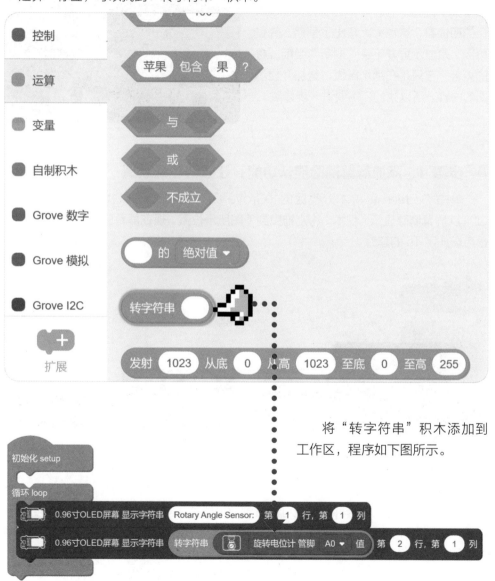

将"转字符串"积木添加到工作区，程序如下图所示。

将程序上传到入门套件，再测试效果。

现在看到，当把旋钮向左拧到最大时，OLED 屏幕会显示 1023，但再向右拧，期望数字会减小的时候，数字会变成很奇怪的四位数，这也大大超出了预期。究其原因，是显示屏并不会"刷新"当前屏幕的内容，它只是在那个区域"叠加"显示新的内容。所以我们还需要进一步修改。

▶ 步骤 4：添加屏幕清除显示功能，让数值正确展现

单击 Codecraft 积木分类区的"Grove I2C"标签，可以找到这个"0.96 寸 OLED 屏幕清除显示"积木，将它拖曳到下图所示位置。现在屏幕应该会不断被刷新，最后增加了 1s 的延时。

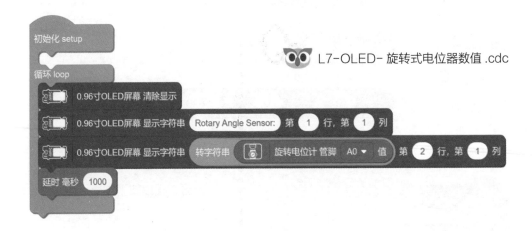

L7-OLED- 旋转式电位器数值 .cdc

将程序上传到入门套件，现在可以看到数值能被正常显示了，但刷新的速度有点慢（大概 1 秒 1 次，计算机显示器的刷新频率常见的是 1 秒 60 次）。虽然这不是理想的效果，但这是图形化编程环境（例如 Codecraft ）的局限之一。如果我们用 C 语言编写该程序，可以对显示图形和擦除功能有更多的控制及操作。

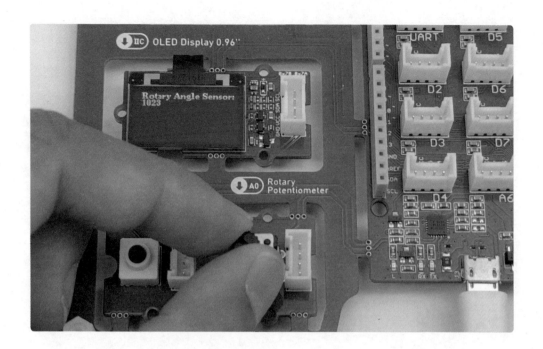

1. 尝试使用  显示图案积木的展示效果，并尝试自己绘制图案进行展示。
2. 实现一个程序能够通过按键"按下"或者"松开"来展示两个不同图案。
3. 使用"重复当……"积木块编写一个程序，该程序将在每次按下按键时向下移动文本，直到屏幕底部。

第8课
那些默不作声的硬件真的在工作吗

　　硬件编程测试通常会有一些麻烦，因为很多硬件在工作的时候并没有什么直观的外在表现。所以在编程过程中，确定硬件是否正常工作的能力就非常重要。本课重点围绕如何调试程序，学习如何利用串口监视器和串口图表获取硬件设备工作状态的关键信息。

背景知识

程序的 Bug

早期计算机体型巨大，通常会占满整个房间。

一位叫葛丽丝·霍波的美国计算机女科学家（下页右上图中的女性），也是世界上最早的一批程序设计师之一，一天她在调试设备时出现故障，拆开继电器后，发现有只飞蛾被夹扁在触点中间，从而"卡"住了机器的运行。于是，霍波诙谐地把程序故障统称为 Bug（飞虫），把排除程序故障叫 Debug，而这奇怪的称呼，竟成为后来计算机领域的专业行话。下页右图就是最早的 "Bug" 提交报告。

Debug 的方法

在学习 Arduino 编程的时候，运行程序或编程后的硬件，也可能会遇到各种不符合预期的状况。随着系统规模的增大，情况会变得越来越复杂，因为软件或硬件都有可能出问题。要解决这些问题，就需要了解一些 Debug 的方法。很多时候，程序中的错误会导致两个不同的结果：

● **程序问题**：程序根本不工作，显示错误代码。

● **设备问题**：程序确实运行成功，但是执行的最终结果不是我们想要的。

关于程序问题，因为本课程使用了图形化编程软件 Codecraft，都是通过拖曳积木拼接程序，因此出现语法或用法错误的可能性很小。

出现"上传失败"，通过 Codecraft 提交程序和问题

如按"上传"按钮后显示"上传失败"。

● 首先要做的是确保硬件没问题——可与同学交换入门套件，然后再次尝试上传程序。

● 注意检查 USB 线是否有断线或接头连接不稳定的情况等。

● 上传程序时，请确保选择了正确的端口（计算机可能连接了多个设备）。

如果检查了上述所有项目，仍然无法上传自己编写的程序，但可以创建并上传一个空程序（如下图所示，只有初始化与循环的积木），则可以遵循以下步骤提交问题。

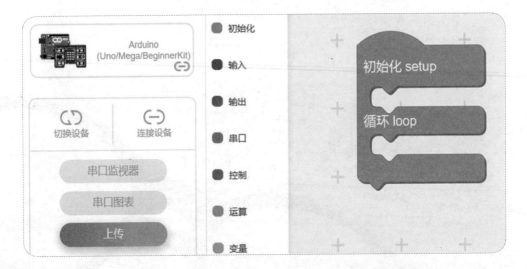

1.在 Codecraft 里打开有问题的程序,然后单击 Codecraft 的"帮助"→"意见反馈",弹出"意见反馈"对话框,如下图所示。

2.详细地描述问题。记住要彻底描述问题,描述使用的硬件(有什么设备与配件等)、出现的问题等,可能的话可以拍照或录像,在"意见反馈"对话框中提交附件。提供的详细信息越多,技术人员越容易"重现"该错误,以便尽快帮你解决。

3.确认勾选"同时提交当前程序"复选框,然后单击"提交"按钮。

串口与串口通信

　　所谓的"串口"就是串行接口。计算机认识的语言是 1010 这样的数据,我们可以想象这就是一条数据串(如下图所示)。在电子设备之间通信的过程中,发送和接收一串一串的数据,这种通信方式就是串口通信。

Arduino 控制板与计算机的通信方式就是串口通信，在我的计算机系统（Windows）中，串口称为 COM，并以 COM1、COM2 等编号标识不同的串口（上传和连接的时候会提示 COM 口）。

串口监视器与串口图表

如果你已确保程序没有问题，但执行的最终结果不是自己预期的，出现这种状况，就可以借助 Codecraft 提供的"串口监视器"和"串口图表"工具，直接在计算机上显示入门套件模块管脚的值。

现代电子设备相当复杂，当涉及许多组件时，可能很难查明错误的确切原因。想象以下情况：你编写了一个按下按键让 LED 灯闪烁的程序。写完程序并上传后在设备上测试，发现怎么按按键 LED 灯都不闪烁。此时你很难知道错误会出在哪里，LED 模块、按键模块或电线（如果使用电线进行连接）都可能会出现问题。当程序更复杂时，甚至会有更多系统出现故障。

这时候，借助"串口监视器"使我们能够查看按键的返回值（不按返回 0，按下返回 1），这样可以至少确保按键模块和电线正常工作。

下面将学习如何使用串口监视器。

任务 1：使用串口监视器检测按键是否按下

本任务将使用入门套件的按键模块，编程按下按键的时候，在串口监视器查看按键按下的状态。硬件将使用入门套件的按键，如右图所示。

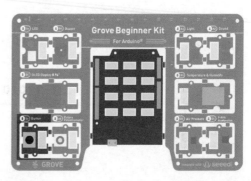

▶ 步骤 1：新建项目及初始化

在 Codecraft 创建新的 Arduino Uno/Mega 程序，并命名项目名称为"按钮 – 串口监视器"。向工作区拖曳初始化与循环积木，如下图所示。

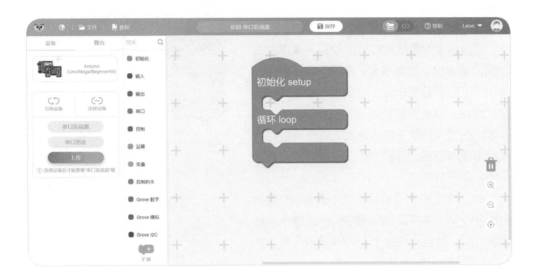

▶ 步骤 2：定义串口波特率

单击 Codecraft 积木分类区的"串口"标签，拖曳"串口波特率 9600"积木到初始化与循环积木的初始化区域，如下图所示。

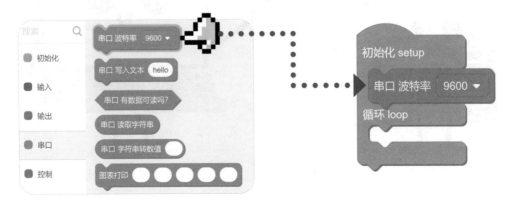

背景知识：串口波特率

　　建立串口通信，首要任务是约定好数据传输率（波特率）。Codecraft 默认的波特率是"9600"，如右图所示单击下三角按钮可以看到还有好几个选项。

　　"波特率"是数据传输的单位，意思是每秒能传输多少个数据单元。9600 意味着每秒传输 9600 个数据单元。数值越高数据传输速度就越快，但是波特率越高，在传输/接收数据时出现错误的概率就越大。对于大多数调试应用程序而言，每秒 9600 已足够——速度不快，但非常稳定。

　　有了这个积木，相当于 Codecraft 告诉 Arduino："注意了！请用 9600 波特率向我发送数据，我也将按这个 波特率接收"。

▶ 步骤 3：添加串口写入程序

单击 Codecraft 积木分类区的"串口"标签，拖曳 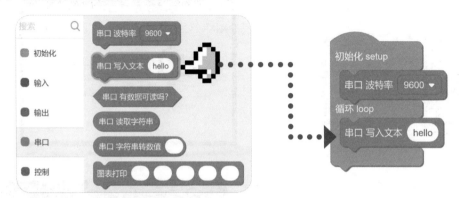 积木到初始化与循环积木的循环区域，如下图所示。

这里，我们期望写入的不是"hello"，而是按键是否按下的状态。如下图所示，按键按下的积木是一个用于条件判断的积木。

添加条件判断，修改后的程序如右图所示。注意将积木里的 **D2** 管脚修改为 D6 管脚，为了让我们看到的提示更明确，串口写入文本处添加了"Button D6："的描述。

完成这个程序后，就可以进一步进入调试环节了。

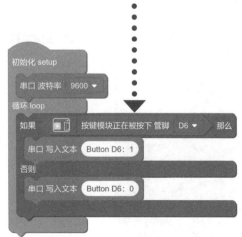

 L8-按键-串口监视器.cdc

▶ 步骤 4：上传程序到入门套件

保存当前程序，用 USB 数据线连接计算机和入门套件。单击 Codecraft 里的"上传"按钮，等待程序上传完成。

上传完成后，可以看到入门套件上有红灯在持续快速闪烁，如右图所示。表明设备已经在通过串口发送数据了。

▶ 步骤 5：连接设备，开启"串口监视器"

在 Codecraft 单击"连接设备"按钮，如下图所示，会打开"连接设备"的对话框。单击"连接"按钮。

连接成功前后的状态如下图所示，左图为连接前，右图为连接后。

单击"串口监视器"按钮，弹出"串口监视器"对话框，如下图所示。会看到不断滚动的串口写入文本，主要内容就是"Button D6: 0"，偶尔会有断行的情况出现。

按下按键，可以看到串口返回数据变成"Button D6: 1"，松开后又变回"Button D6: 0"。

现在我们已经可以通过文本的方式，监测硬件设备的状态。但这种模式有点让人眼花缭乱，有没有更直观的方法呢？

任务 2: 使用串口图表检测按键是否按下

可以想象，如果用串口监视器查看旋转式电位器的读数，当你快速旋转旋钮时，场面一定是眼花缭乱的。

我们需要一种更直观的方式来呈现数据，这就需要用到"串口图表"。本任务将使用入门套件的旋转式电位器模块，当用户旋转旋钮的时候，在串口图表查看按下的旋转式电位器的读数。

硬件将使用入门套件的旋转式电位器，如右图所示。

▶ 步骤 1: 修改项目名称

本任务的程序将在任务 1 的基础上进行改进，保存任务 1 的程序后，在 Codecraft 顶部修改项目名称为"串口图表 – 旋转式电位器数值"。

可以将有关按键的判断程序删除，如下图所示。

▶ 步骤 2：添加串口图表相关程序

单击 Codecraft 积木分类区的"串口"标签，拖曳 图表打印 ●●●●● 积木到与循环积木的初始化区域，如下图所示。单击 Codecraft 积木分类区的"Grove 模拟"标签，拖曳 旋转电位计 管脚 A0 ▾ 值 到图表打印积木的一个空槽，最终程序如下图所示。

▶ 步骤 3：上传并连接设备

和任务 1 一样，将完成的程序上传到入门套件，并再次连接设备，确认设备已连接成功。

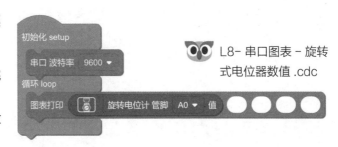

L8- 串口图表 – 旋转式电位器数值 .cdc

▶ 步骤 4：开启串口图表

单击"串口图表"按钮，会打开"串口图表"窗口，如下图所示。可以看到滚动的数字（旋转式电位器的输出数值），尝试旋转按钮，可以在图表上方看到数值形成的曲线。使用串口图表，能比较直观地监测变化复杂的数据。现在可以确认：旋转式电位器工作正常！

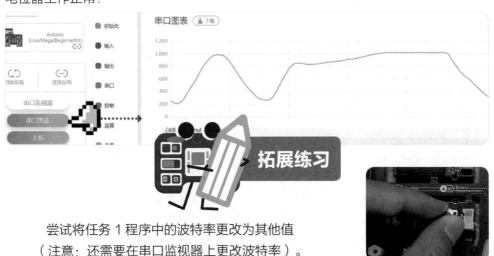

尝试将任务 1 程序中的波特率更改为其他值
（注意：还需要在串口监视器上更改波特率）。

第9课

"看见"声音与制作声控灯

我们生活的环境充满了声音。无论是城市还是自然，声音充斥着几乎每个角落。风、雨、雷、电，动物或人类活动……无不发出各种声响。赋予机器与"听力"，会带来诸多与设备交互的可能性。本课将通过学习制作声控灯与噪声提醒器，来了解如何为入门套件里的声音传感器编程。

背景知识

我们的耳朵是如何听到声音的

　　声音是由于发声体振动产生的，比如琴弦振动发出琴声，鼓面振动发出鼓声，声带振动发出歌声。如右图所示，当敲击音叉发声的时候，靠在音叉上的乒乓球会被弹起，从而表明音叉发出声音的时候的确在振动。你可以将自己的手放在声带位置，然后发出声音，便能够直接感受到声带的振动。

声音的传播是需要介质的，常见
的空气、水、墙壁等，都可以作为
声音传播的介质。如果没有介质，
声音将无法传播，宇航员在太空即
便是面对面交流的时候，也需要借
助无线电通话设备，而不能
直接靠声音，就是因
为太空缺少传播声
音的空气介质。

　　振动的物体会发出声音，声音通过周围的介质能够传播到远处，因此在生物的进化过程中，都进化出了各种发声装置和听觉装置，用以交流信息和躲避危险。耳朵是人类频繁使用的信息获取感官之一，我们用它聆听辨别各种信息，实现交流的目的。

　　当声音经过空气介质传递到人耳时，我们便能听到声音。人耳听到声音的主要过程如右侧图所示。

　　需要注意，人耳听到声音还有一条途径。当用录音设备录下自己说话的声音后再播放，你会觉得放出来的声音并不是之前听到的自己的声音，你注意到过吗？这是因为声带发出的声音，还可以通过人的身体骨骼直接传播到听骨链，之后经过上述听觉过程最终产生听觉。

　　可见，从声带发出的声音，一条途径是经过空气到外耳道和鼓膜，到达听骨链；另一条途径是经过身体骨骼直接到达听骨链。显然两种途径耗时并不一样，因此当自己说话自己听的时候，大脑是将这两条途径的声音信号进行了混合，自然就和听自己的录音不一样了。

　　大象的耳朵除了可以让大象听声音，还具有调节体温的功能。

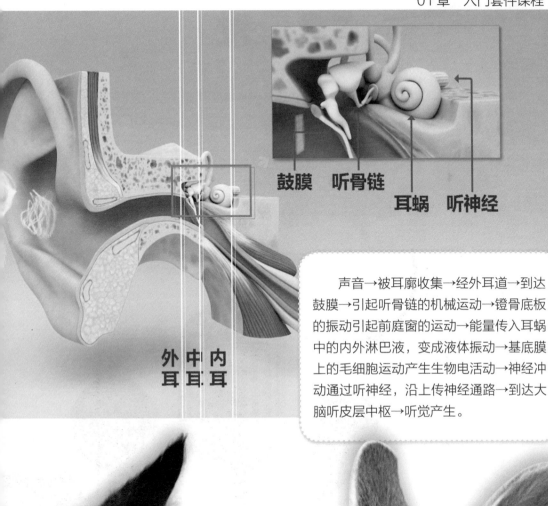

鼓膜　听骨链

耳蜗　听神经

外中内
耳耳耳

　　声音→被耳廓收集→经外耳道→到达鼓膜→引起听骨链的机械运动→镫骨底板的振动引起前庭窗的运动→能量传入耳蜗中的内外淋巴液，变成液体振动→基底膜上的毛细胞运动产生生物电活动→神经冲动通过听神经，沿上传神经通路→到达大脑听皮层中枢→听觉产生。

声音传感器——麦克风是如何工作的

　　声音传感器,也叫传声器、麦克风等,是将声音信号转换为电信号的能量转换器件。经过长期发展,麦克风从工作原理上的分类有动圈式、电容式、驻极体和最近新兴的硅微传声器,此外还有液体传声器和激光传声器。目前大多数麦克风都是驻极体电容器麦克风。

作为录音设备的麦克风

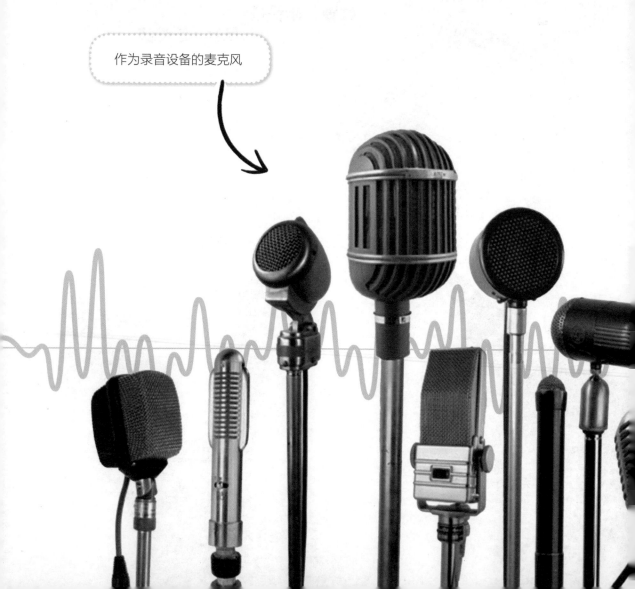

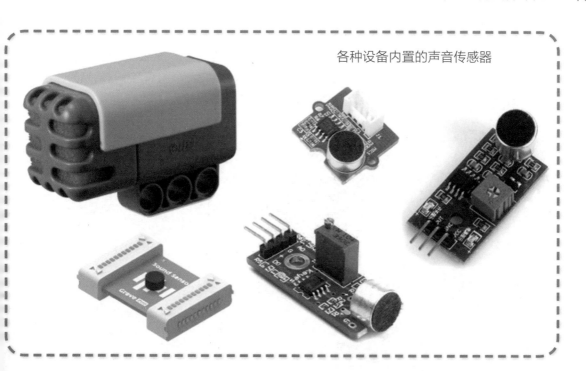

各种设备内置的声音传感器

动圈式麦克风：由声音的振动传到麦克风的振膜上，推动里边缠绕在磁铁上的线圈振动，然后通过电磁感应原理在线圈中形成变化的电流，最终便将声音信号转换为电流信号。这样变化的电流将继续在后面的声音处理电路增强放大。

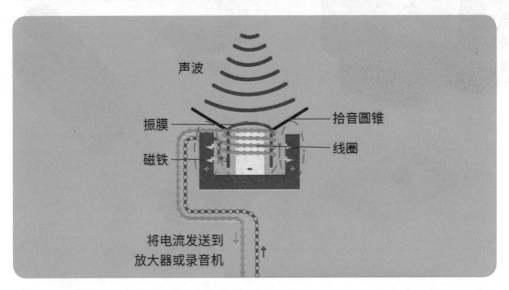

电容式麦克风：声波使话筒内的驻极体薄膜振动，导致电容器的电容变化，从而改变电容器所在电路信号输出端的电压，这一电压随后被转换成 0~5V 的电压，经过 A/D 转换被数据采集器接收。

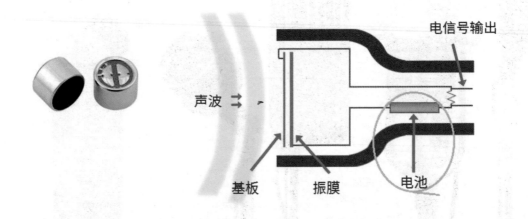

声音传感器的应用

随着传感器的快速发展，声音传感器也迅速崛起，被应用到日常生活、军事、医疗、工业、领海、航天等领域中，并且成为现代社会发展所不能缺少的部分。

● 作为话筒：声音传感器对声音信号进行采样，应用到话筒、录音机、手机、智能音箱、玩具等器件中。

● 声控灯：照明灯内装有声音传感器，只要有人发出摩擦音 1 秒，墙上的照明灯就会自动点亮 10 秒左右。

● 军事侦测狙击手位置：军事上会使用声测法侦测狙击手位置，其原理就是多个不同角度的传感器收到声音的时间不同，据此利用多点定位的方式确定狙击手的位置。

思维拓展：仔细想想，在你的生活中，看到过哪些使用声音传感器的地方？

入门套件中的声音传感器模块

在我们的入门套件中，有一个声音传感器模块。下图指示了它在入门套件里的位置，标注 A2 Sound 的模块就是声音传感器模块的位置。

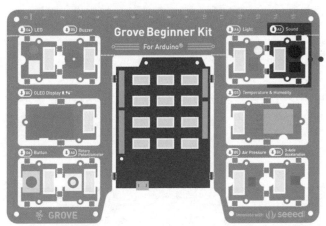

独立的声音传感器模块如下图所示。

声音传感器可以检测环境的声音强度。该模块的主要组件是简单的麦克风，它基于 LM386 放大器和驻极体麦克风，该模块是以模拟量输出的。

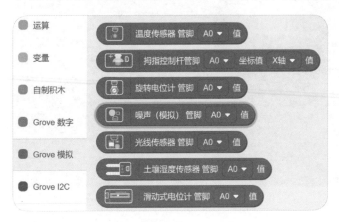

单击 Codecraft 的积木分类区"Grove 模拟"标签，可以找到一个和声音传感器有关的积木，如左图第四个积木所示。声音传感器在 Codecraft 里椭圆的积木形状，表示输出的是传感器获取的数值。

任务 1："看见"声音

利用第 8 课里有关串口图表的知识，我们可以通过串口展示声音传感器的数值，从而"看见"声音。

▶ 步骤 1：新建项目及初始化

在 Codecraft 创建新的 Arduino Uno/Mega/BeginnerKit 程序，并命名项目名称为"看见声音"，向工作区拖曳初始化与循环积木。

▶ 步骤 2：添加串口图表程序

添加串口波特率设置积木和串口图表打印积木，将"噪声（模拟）管脚 A0 值"积木拖曳到串口图表打印积木的空槽里。注意将积木中默认的 A0 管脚修改为 A2 管脚。现在程序如下图所示。

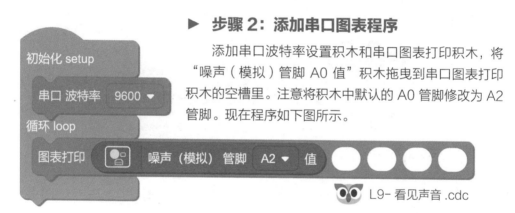

L9- 看见声音 .cdc

▶ 步骤 3：上传并连接设备

将完成的程序上传到入门套件，并再次在 Codecraft 里连接设备，确认设备已连接成功。

▶ 步骤 4：开启串口图表

单击"串口图表"按钮，会打开"串口图表"窗口，如下图所示。可以看到滚动的数字（声音传感器的输出数值），尝试旋转旋钮，可以在图表上方看到数值形成的曲线。尝试击掌、说话等方式发出声音，观察曲线和数值的变化。现在可以通过串口图表"看到"声音传感器产生的读数变化。这个数值可以为下个任务做声控开关时，设定声音开关响度的阈值提供依据。

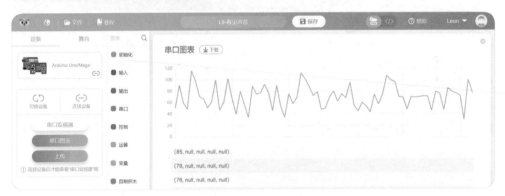

知道如何获取声音传感器的读数后，可以尝试用它做很多事情。日常生活中，声控灯是声音传感器比较常见的应用之一。很多没有窗户的走廊或楼梯间会用到它。其工作原理就是当声音传感器获取到的声音响度大于某个阈值的时候，就开启灯的开关一段时间后再自动关闭。

任务涉及硬件如右图，需要用到入门套件的声音传感器和 LED 灯模块。

▶ 步骤 1：修改项目名称

本任务的程序将在任务 1 的基础上进行改进，保存任务 1 的程序后，在 Codecraft 顶部修改项目名称为"声控灯"。

► **步骤 2：添加声控程序**

整理声控灯的功能需求如下：

● 输出噪声传感器检测数值。

● 侦测到噪声（管脚 **A2**）值 大 于 400（可以根据自己现场环境的串口 图表读数进行预估），就开启 LED 灯（管脚 **D4**），5 秒后关闭。

依此添加程序，如下图所示。

► **步骤 3：上传程序并测试**

将程序上传到入门套件，测试击掌或 发声能否点亮 LED 灯 5 秒，如下图所示。 如果不行或过于敏感，可以连接设备，开 启串口图表，获取击掌时的读数，以修改 阈值数值（目前是 400）。

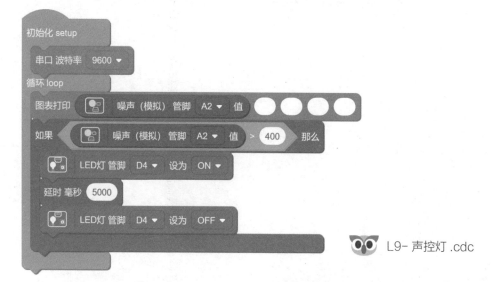

L9- 声控灯 .cdc

1. 用声音传感器来控制 LED 灯的亮度，声音越响，LED 灯越亮。
2. 将声音传感器的值从 0~1023 重新映射到 0~100 ，并在串口图表上显示它们。
3. 为任务 2 增加一个按键控制，让声控灯除了可以用声音点亮 5 秒，也可以用按下 按键的方式点亮 5 秒。

第 10 课

光控灯

机器变得越来越"聪明"的过程，依赖于很多传感器技术的进步。比如声音传感器赋予了机器"听"的能力，而光传感器的出现，则赋予机器对光强弱的感知能力。在我们的入门套件中，就有一个光传感器。让我们看看它是如何工作的以及如何使用它。

背景知识

我们的眼睛是如何看到物体的

　　为了看到物体，必须有光进入人的眼睛——要么物体本身发光，要么光线照在物体上然后反射回眼睛。自然界存在各种各样的光，但是我们的眼睛只对可见光较为敏感，眼睛看到物体就是利用了这些可见光。

　　在自然界中，人眼被称为"相机型眼睛"，就像镜头将光聚焦到胶片上一样，眼睛中的角膜、晶状体等组成的结构，会将光聚焦到称为视网膜的感光膜上。虹膜和瞳孔则会根据环境光的强度，像相机的光圈一样，通过调整瞳孔的大小来调整进光量，使视网膜上所成的像足够清晰，避免"过度曝光"。

　　可能你已经注意到，图中的物体在视网膜上所成的像是倒立的，那么为什么我们看到的物体不是倒立的呢？其实这是大脑对视觉信号处理后的结果，相当于大脑自带一个转换装置，使得原本在视网膜上倒立的像，大脑感受到的画面又变成正立的像。视网膜是如何把所接收到的光转化为大脑中的图像的呢？

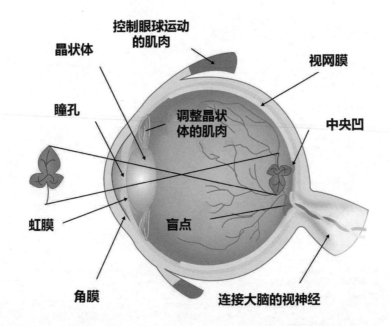

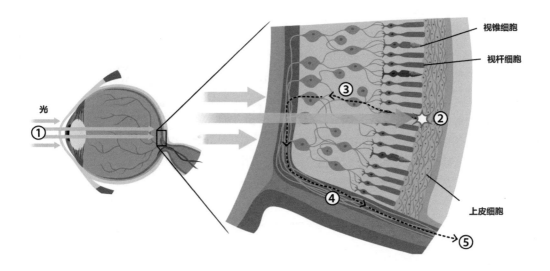

　　光线经过眼球到达最内层的视网膜，视网膜就相当于人眼这台相机的核心感光部件。数以百万计的感光细胞就内嵌在视网膜中。这些细胞主要分为两类：视锥细胞和视杆细胞。视锥细胞可以感知颜色和精细细节，视杆细胞则可以在弱光环境下实现单色视觉（其光敏感度比视锥细胞高 500~1000 倍）。人眼的视网膜上大约分布了 1.2 亿个视杆细胞和大约 600 万个视锥细胞。这些视觉细胞，将接收到的光线转换为神经信号，并通过视神经传递给大脑，最终由大脑处理变成我们看到的图像。

　　可见，我们的眼睛是一部极精密光学设备，所以请一定小心爱护，谨慎使用。

光传感器

　　常见的光传感器（又叫环境光传感器，如右图所示）和人眼的视杆细胞作用类似，主要用作检测环境光的亮暗级别。

　　光传感器已经广泛应用在手机、笔记本计算机、显示屏幕、电视等需要自动调节屏幕背光亮度的地方。

　　公共场所或公路的智能灯，以及越来越多的汽车灯，都能在天色或环境光变暗的时候自动开启，变亮的时候自动关闭。越来越多的智能家居系统，都开始使用带光传感器的设备来获取环境光的数据，并对灯光等设备进行智能控制。

入门套件里的光传感器

　　在我们的入门套件中，有一个光传感器模块。下图指示了光传感器在入门套件里的位置，标注 **A6 Light** 的模块就是光传感器模块的位置。Grove-Light 传感器集成了一个光电阻（依赖光强调整电阻）来检测光强。当光强度增加时，光电阻的电阻降低。板上的双 OpAmp 芯片 LM358 产生与光强度相对应的电压（基于电阻值）。输出信号为模拟值，亮度越亮，值越大。独立的光传感器模块如下图所示。

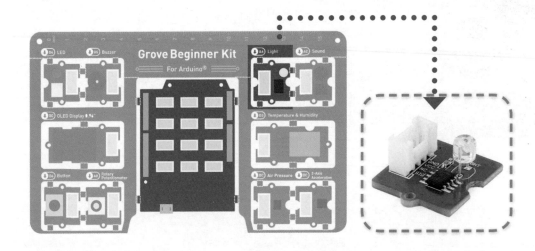

光传感器在 Codecraft 里对应的积木是"Grove 模拟"标签栏下的第三个积木，如左图所示。

它输出的是传感器获取的光的相对强度数值（介于 0~1023）。

特别提醒

光传感器值仅反映光强度的近似趋势，它不表示确切的明亮程度。

任务 1：监测光的相对强度

利用第 8 课里有关串口图表的知识，可以通过串口图表展示光传感器获取的光强度数值，以此获得对当前环境光强度的评估。

▶ 步骤 1：新建项目及初始化

在 Codecraft 创建新的 Arduino Uno/Mega/BeginnerKit 程序，并命名项目名称为"监测光的强度"，向工作区拖曳初始化与循环积木。

▶ 步骤 2：添加串口图表程序

添加串口波特率设置积木和图表打印积木，将"光线传感器管脚 A0 值"积木拖曳到图表打印积木的空槽里。程序如左图所示。注意将积木中默认的 **A0** 管脚，修改为 **A6** 管脚。

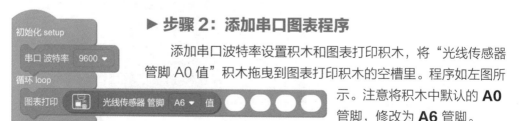

L10- 监测光的强度 .cdc

▶ **步骤 3：上传并连接设备**

将完成的程序上传到入门套件，并再次在 Codecraft 里连接设备，确认设备已连接成功。

▶ **步骤 4：开启串口图表**

单击"串口图表"按钮，会打开"串口图表"窗口，如下图所示。可以看到滚动的数字（光传感器的输出数值），尝试遮挡光传感器，可以在图表上方看到数值形成的曲线。

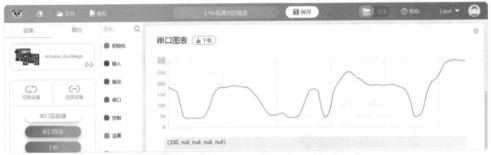

光控灯的实现原理是，系统检测光传感器的数值，如果低于临界值，就开启 LED 灯；如果高于临界值，则关闭 LED 灯。

任务涉及硬件如右图所示，需要用到入门套件的光传感器和 LED 灯模块。

▶ 步骤 1：修改项目名称

本任务的程序将在任务 1 的基础上进行改进，保存任务 1 的程序后，在 Codecraft 顶部修改项目名称为"光控灯"。

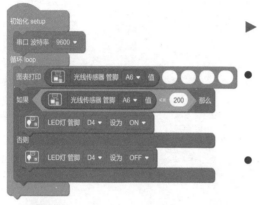

L10- 光控灯 – 串口输出 .cdc

▶ 步骤 2：添加光控程序

整理光控灯的功能需求如下：

- 侦测到光相对强度（管脚 **A6**）值小于 200（可以根据自己现场环境的串口图表读数进行预估），就开启 LED 灯（管脚 **D4**）。
- 光强度值大于 200 就关闭 LED 灯。以此添加程序如左图所示。

▶ 步骤 3：上传程序并测试

将程序上传到入门套件，试试遮挡光传感器，如右图所示。如果设置的光线强度阈值不合适，可以开启串口图表，观察当前环境光的大致均值，然后进行修改。最终的程序可以将串口与图表打印的积木去掉，如左下图所示。

L10- 光控灯 – 无串口输出 .cdc

拓展练习

1. 将光传感器和蜂鸣器关联，检测到不同的光强度发出不同的音符（比如越亮音调越高）。

2. 楼道中的声控开关和光控开关一起工作，使得晚上有人经过时自动点亮。请设计这样一个楼道电路。

第 11 课

气压计与高度计

　　这节课学习有关大气压与气压计的知识。另外将学习如何通过编程读取与展示入门套件上的气压计提供的气压、温度和高度数据。将我们的入门套件变成一个气压计、温度计和高度计。

背景知识

压强

当有外力作用在物体表面的时候，物体会发生形变，形变效果与作用力的大小和受力物体的受力面积有关。受力面积一定的时候，作用力越大，力的作用效果越明显，比如用铁锤锻造金属。

而当作用力一定的时候，受力面积越小，作用效果越明显。常见的针尖、刀刃，都利用了这一原理。当作用力一定的时候，受力面积越大，作用效果越不明显，如下图所示，将气球压向密集摆放的铁钉，气球并不会破裂，就是因为此时铁钉和气球表面之间的受力面积很大。

大气压与"马德堡半球"实验

地球的周围被厚厚的空气包围着，这些空气被称为大气层。空气受到地球引力的作用，会对地表面的物体产生挤压作用力，而与此同时空气还可以像水那样自由流动，因此空气的内部向**各个方向**都有作用力。有大气压力的存在，自然也就有了大气压强。

我们生活在大气层的底部，就像生活在水底的鱼一样，我们很难直观感受到大气对我们施加的作用力和压强，但事实上大气压强是很大的。在接近海平面的地方，这个压强相当于在 1 平方米的地面上堆放 10 吨重物的效果。这么大的作用无处不在，我们之所以感受不到，是因为我们身体内部并非真空，而是和整个大气相通的，使得体内和体外的压强相互抵消了。

因为通常人们感受不到大气压，所以早期人们很难相信大气压的存在。1654 年，当时的马德堡市长奥托·冯·格里克于罗马帝国的雷根斯堡（今德国雷根斯堡）进行了著名的"马德堡半球"实验。格里克和助手当众把下页右图所示的两黄铜的半球壳中间垫上橡皮圈，再把两个半球壳灌满水后合在一起，然后把水全部抽出，使球内形成真空；最后，把气嘴上的龙头拧紧封闭。这时，周围的大气把两个半球紧紧地压在一起。最后两边各用 8 匹马，才将铜球分开。右页大图是"马德堡半球"实验复原画。

马德堡半球的实物至今还在慕尼黑的德意志博物馆里展示。

我们也可以通过一些简单的实验和现象去感受大气压强的存在。比如左图所示瓷砖表面和玻璃表面经常使用的吸盘挂钩。

再比如，在装满水的试管或者玻璃杯上盖上一张硬纸片，然后将装置倒置过来，如下图所示，可以发现纸片和杯中的液体并不会掉落下来，这些都是大气压强作用的结果。

ICONISMUS XI.

Cap. 23 Lib. III.

布莱斯·帕斯卡与水银柱实验。

为了便于测量大气压强，1644 年，意大利物理学家托里拆利提出了**标准大气压**的定义，即在标准大气条件下海平面的气压，其值为 101.325 千帕，"帕"是压强的单位，记作 atm。一个标准大气压即 1 atm。1 个标准大气压等于 101325 帕、1013.25 百帕和 1.01325 巴（bar，1 bar=100000 帕），或者 76 厘米水银柱。

后来布莱斯·帕斯卡根据托里拆利的理论，进行了明确的预测，他辩称并证明了气压计的水银柱应在更高的海拔处下降。实际上，它在 50 米钟楼的顶部略有下降，在 1460 米山峰的顶峰上下降更多。

在现实中证明大气压也有很多方式，如下图所示，如果你在高海拔地区（压强相对低）密封一个空塑料瓶，随着海拔的降低，可以看到因为内外压力差而导致的变化。

气压计

　　气压计可用于测量大气压强，传统气压计的种类有水银气压计及无液气压计。左图是一个水银气压计，是根据托里拆利的实验原理而制成的，水银旁边的刻度是 mbar（毫巴，相当于 0.001 巴）。

　　下图展示的是一个无液气压计，它通过大气压强作用在内部固体金属盒表面，使之发生形变，从而带动指针转动显示气压，刻度盘同时展示了百帕（hPa）和毫米汞柱（mmHg）的气压读数。

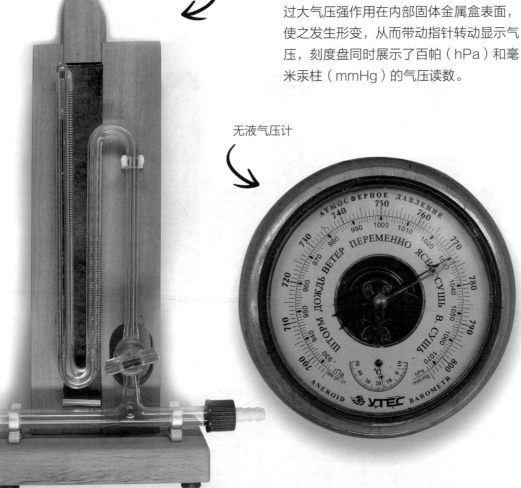

水银气压计

无液气压计

如下图所示，现代气压计采用 MEMS（微机电系统）技术，它包含一个隔膜，该隔膜是通过一个与大气接触的电容板形成的。大气压强的变化，会导致薄膜的形状发生改变，从而改变电容大小，最终引起电信号的变化，完成气压的测量。

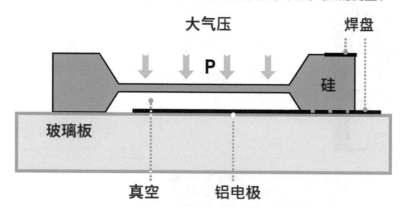

通过气压计测量气压，可以用于预测天气的变化。同一地点，天气晴朗，气压会升高；气压降低时，将有风雨天气出现。此外，由于大气压强与海拔有关，因此通过测量气压，还可以测量海拔高度，包括测量山的高度及飞机在空中飞行时的高度，等等。所以气压计广泛应用在气象、农业、航空领域。

入门套件里的气压传感器

入门套件里的气压传感器，是 Grove 气压传感器 (BMP280)，它是 Bosch BMP280 的高精度低功耗数字气压计的分线板。该模块可用于精确测量温度和大气压。当大气压力随高度变化时，它也可以测量某个地方的近

似高度。右图指示了该模块在入门套件里的位置，标注 Air Pressure 的模块就是气压传感器模块。

独立的 Grove BMP280 气压传感器模块如左图所示，电子化的气压计可以做得非常小。观察入门套件上的气压计，核心的芯片只有芝麻粒大小。

在 Codecraft 的积木分类区单击"Grove I2C"标签，可以找到一个和气压传感器有关的积木，如左下图高亮的积木所示。光传感器在 Codecraft 里对应的积木是椭圆的形状，输出的是气压传感器获取的气压、温度或高度的数值。

利用第 8 课里有关串口图表的知识，我们可以通过串口展示气压传感器，以获取气压、温度和高度的数值。

▶ 步骤 1：新建项目及初始化

在 Codecraft 创建新的 Arduino Uno/Mega/BeginnerKit 程序，并命名项目名称为"监测气压传感器读数"。向工作区拖曳初始化与循环积木。

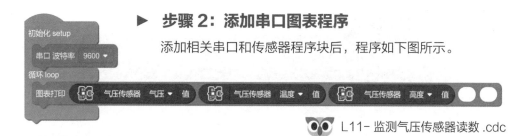

► **步骤 2：添加串口图表程序**

添加相关串口和传感器程序块后，程序如下图所示。

L11- 监测气压传感器读数 .cdc

► **步骤 3：上传并连接设备**

将完成的程序上传到入门套件，并再次在 Codecraft 里连接设备，确认设备已连接成功。

► **步骤 4：开启串口图表**

单击"串口图表"按钮，会打开"串口图表"窗口，如下图所示。可以看到滚动的数字（气压传感器的输出数值），由于这 3 个数值（气压、温度、高度值）通常在短时间内比较稳定，所以看到图表上呈现为直线。

因为气压计敏感度较高，将入门套件放置于地面和桌上，就能看到数据的差异（高度显示有 1m 的变化），下面是一组测试获得的数据：

● 放置于地面：（101389, 28.35, –5.33, null, null）
● 放置于桌上：（101377, 28.31, –4.33, null, null）

有了这些数据，我们可以通过将数据显示在 入门套件里的 OLED 显示屏上，就构成了一个综合的温度、气压与高度计。

任务涉及硬件如右图所示，需要用到入门套件的气压传感器和 OLED 显示屏模块。

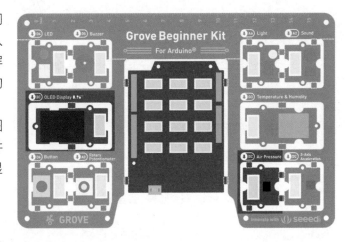

▶ **步骤 1：新建项目及初始化**

在 Codecraft 创建新的 Arduino Uno/Mega/BeginnerKit 程序，并命名项目名称为"温度、气压与高度计"。向工作区拖曳初始化与循环积木。

▶ **步骤 2：创建温度、气压与高度的变量**

由于要显示温度、气压和高度值，所以需要创建 3 个变量，用以存放获取的气压传感器读数，如左图所示。

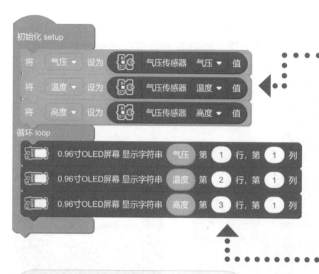

然后为 3 个变量赋对应传感器的数值，程序如左图上半部所示。

▶ 步骤 3：在 OLED 上显示变量的值

添加 3 个 OLED 显示的程序块，在 OLED 上分 3 行显示这 3 个变量，尝试直接将变量名加入 OLED 的显示字符串，编辑后的程序如左图下半部所示。

现在上传程序，会出现左图所示上传失败的提示。原因是 OLED 只能显示字符串，但刚才放入了变量。

单击积木分类区"运算"标签，找到 转字符串 积木，嵌入左下图程序所示的位置。上传程序到入门套件，OLED 显示屏展示的结果如右下图所示。

▶ **步骤 4：优化 OLED 的显示效果**

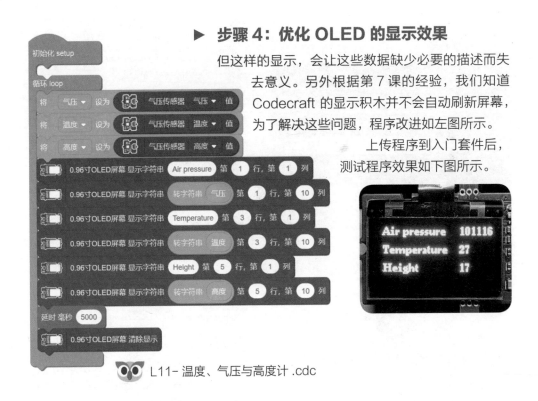

但这样的显示，会让这些数据缺少必要的描述而失去意义。另外根据第 7 课的经验，我们知道 Codecraft 的显示积木并不会自动刷新屏幕，为了解决这些问题，程序改进如左图所示。

上传程序到入门套件后，测试程序效果如下图所示。

L11- 温度、气压与高度计 .cdc

任务 3：相对高度计

气压传感器可以获取高度值，本任务准备利用这一功能制作一个相对高度计，实现的功能如下：

● 设备上电时，将当前高度设为零点高度，LED 重置为中间亮度。
● OLED 上开始显示当前相对于零点高度的正负高度差。
● LED 灯的亮度会根据高度的变化而变化，高度高于零点，会变亮，越高越亮；高度低于零点会变暗，越低越暗。
● 用户按下按键，会重置当前高度为零点。

任务涉及硬件如右图所示，需要用到入门套件的气压传感器、OLED 显示屏模块、按键模块和 LED 模块。

▶ 步骤 1: 新建项目及初始化

在 Codecraft 创建新的 Arduino Uno/Mega/Beginnerkit 程序，并命名项目名称为"相对高度计"。向工作区拖曳初始化与循环积木，如下图所示。

▶ 步骤 2: 创建变量"零点高度"

在 Codecraft 的积木分类区单击"变量"标签，创建名为"零点高度"的变量，用以记录设为零点的高度值，并在初始化区域添加左图所示的程序块，以获得设备上电时的初始高度，作为零点高度。

▶ 步骤 3：创建变量"高度差"并显示在 OLED 显示屏上

在 Codecraft 的积木分类区单击"变量"标签，创建名为"高度差"的变量，用以记录当前高度与零点高度的差值。然后在 OLED 上显示高度差的值，并优化显示效果，程序如左图所示。

将程序上传到入门套件，可以在 OLED 上看到一个数字 0，如下图所示。这时候尝试举高或放低设备，可以看到数字的变化（注意，气压计提供的高度精度为 1 米，小范围改变高度可能看不到变化）。可以给入门套件接充电宝，携带到较高或较低位置进行测试。

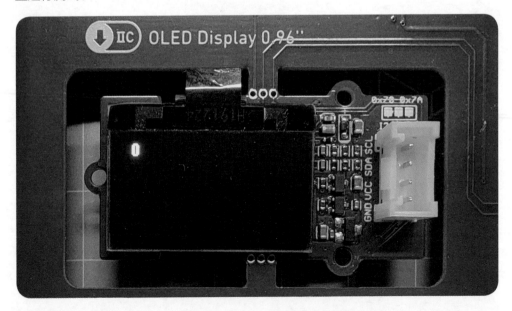

▶ **步骤 4：设置按键"归零"**

接下来添加按键"归零"功能，修改后的程序如下图所示。
注意修改按键积木的管脚为 **D6**。上传到入门套件后，进行测试。

🦉 L11- 相对高度计 .cdc

拓展练习

1. 重新编写本课任务 2 的程序，分别用千帕斯卡（1000 帕斯卡）、百帕斯卡（100 帕斯卡）显示气压值。

2. 重新编写本课任务 2 的程序，使用按键模块在 OLED 显示屏上切换显示温度 / 压力 / 高度的值。

3. 利用设计制作的相对高度计，测量小区或者学校周围的建筑高度。

4. 利用气压计观测不同天气情况下的气压变化特点，并借助测量的数据，模拟尝试进行天气预报。

第 12 课
小小气象站

　　过去农业是个靠天收的行业，现代化农业的兴起后，人们借助大棚并精确控制大棚的温度、湿度及光照，让作物的生长逐渐摆脱自然天气的影响。人们的工作和居住环境，也越来越被精确控制，以便常年保持在舒适状态中。这些都要依赖高效率和低成本的环境监测手段，温度和湿度传感器就是其一。本课将学习使用温度和湿度传感器，把入门套件变成一个温度和湿度计。另外，还将学习使用 Codecraft 舞台模式里的"气象站"扩展，在计算机上展示温度、湿度和气压。

背景知识

温度

　　温度和我们的生活紧密相关，它关系到我们出门前穿什么衣服，入口的食物或饮料要避免太烫或太冷。当你迈出家门，可以感觉到室外的冷热，但究竟有多冷、有多热？就需要借助"温度"来对这个冷热进行量化。

　　温度是表示物体冷热程度的物理量，物体的温度高低是一个宏观现象，它反映了微观上组成物体的**分子热运动**的剧烈程度，即温度是组成物体的大量分子热运动剧烈程度的体现。如下图所示，展示了相同固体在不同温度下的热运动表现。分子运动愈快，即温度愈高，物体愈热；分子运动愈慢，即温度愈低，物体愈冷。为了精确地测量温度，需要制定温度的单位标准，并设计制作相应的温度测量工具。

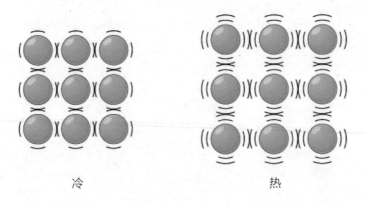

冷　　　　　　　　　　　　　　　热

温标

　　温度的单位标准称为温标，在科学的发展过程中，人们制定出了各种各样的温度标准，但其本质方法如出一辙，即通过规定某些现象事物的温度值，从而标定出各种其他的温度。常见温标有华氏温标、摄氏温标和开氏温标。目前世界上总共有5个国家，包括美国和其他一些英语国家，仍在使用华氏温标。而包括中国在内的世界上绝大多数国家都使用摄氏温标。在涉及科研的领域中，科学家更愿意使用开氏温标。

在华氏温标中，规定标准大气压下，水开始结冰的温度为 32 华氏度，水沸腾的温度为 212 华氏度，中间等分 180 份，每 1 份称为 1 华氏度，记为 1℉。在华氏温标中，人体正常体温约为 98℉。

在摄氏温标中，规定标准大气压下，水开始结冰的温度为 0 摄氏度，水沸腾的温度为 100 摄氏度，中间等分 100 份，每 1 份称为 1 摄氏度，记为 1℃。在摄氏温标中，人体正常体温约为 36.5℃。

开氏温标建立在绝对零度的基础上。科学家发现，宇宙存在一个最低的温度，–273.15℃，这一温度不可到达，只能无限趋近，于是科学家将这一最低温称为绝对零度，规定为 0 开氏度，记为 0K。然后将标准大气压下，水开始结冰的温度规定为 273.15K，水沸腾的温度规定为 373.15K。在开氏温标中，人体正常体温约为309.7K。

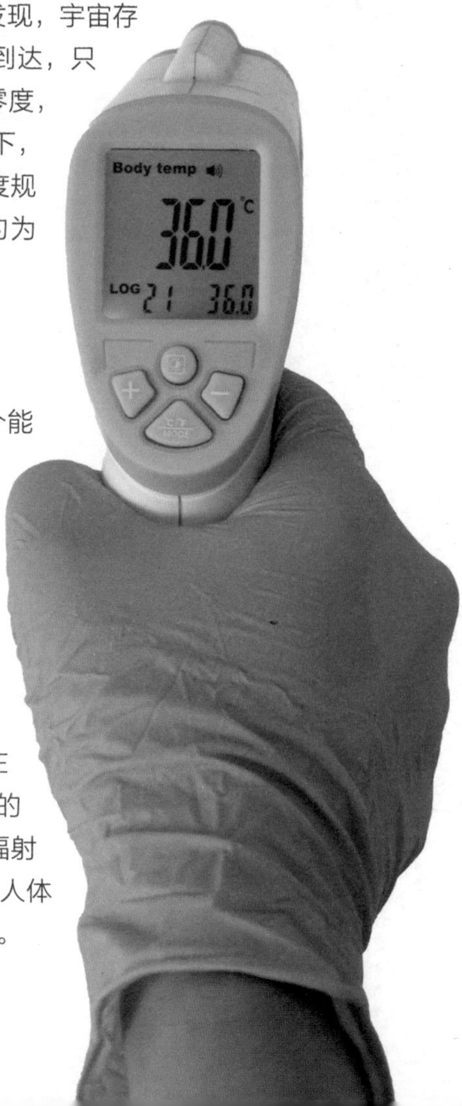

温度计

温度计是测量温度的工具。由于温度不是一个能够直观看到的物理量，因此温度的测量，需要借助与温度有直接关系的物理现象来进行。比如中国古代有炉火纯青的记载，这就是通过观察火焰的颜色来测量火焰的温度。

再比如，如右图所示的红外线测温仪，则是通过不同温度的物体的辐射差异来测量温度的。人体与其他生物体一样，自身也在向四周辐射释放红外能量，其波长一般为 9~13μm，是处在0.76~100μm 的近红外波段。由于该波长范围内的光线不被空气所吸收，因此只要通过对人体自身辐射红外能量的测量，就能准确地测定人体表面温度。人体红外温度传感器就是根据这一原理设计制作而成的。

除此以外，热胀冷缩现象也常用于温度的测量，常见到的寒暑表、体温计等，都是利用液体受热体积膨胀、受冷体积收缩的原理测量温度的。左图展示了一个常见的寒暑表摄氏度温度计，它利用了酒精热胀冷缩的性质进行温度测量，图中显示的冬季白天温度为－17℃。

湿度

湿度，表示大气干燥程度的物理量。在一定的温度下，在一定体积的空气里含有的水汽越少，则空气越干燥；水汽越多，则空气越潮湿。空气的干湿程度叫作"湿度"。在天气预报中通常用相对湿度来报告湿度的数值，相对湿度，是将空气中实际存在的水蒸气量，与相同温度下空气中可以容纳的最大水蒸气量相比，得到的百分数。下图展示了一个常见的温湿度计，并标注了人体感舒适的区域。

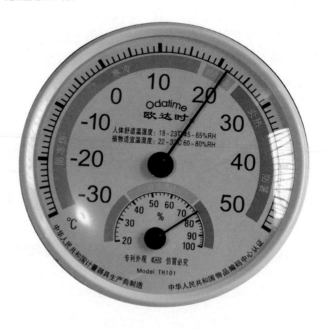

入门套件里的温度和湿度传感器

在我们的入门套件中，内置了一个温度和湿度传感器（后面简称温湿度传感器）。右图指示了温湿度传感器模块在入门套件里的位置。

因为温湿度传感器厂商升级传感器的原因，所以读者有可能会见到下图两种不同版本温湿度传感器的入门套件。

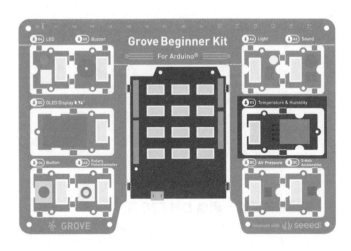

温湿度传感器 – 蓝色 DHT11 版

传感器模块外壳为蓝色的，是DHT11 版本，它使用的是 D3 引脚。独立的 DHT11 模块如下图所示。

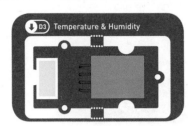

温湿度传感器 – 黑色 DHT20 版

传感器模块外壳为黑色的，是升级后的 DHT20 版本，它使用的是 I²C 引脚。独立的 DHT20 模块如下图所示。

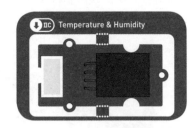

不同版本的传感器在 Codecraft 中积木的位置

温湿度传感器 – 蓝色 DHT11 版

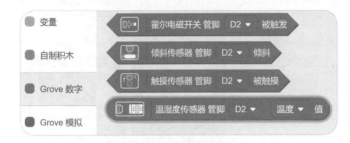

在 Codecraft 的积木分类区单击"Grove 数字"标签，可以找到一个和"温湿度传感器"有关的积木，如左图所示。看它椭圆的形状，输出的是传感器获取的数值。

温湿度传感器 – 黑色 DHT20 版

在 Codecraft 的积木分类区单击"Grove I2C"标签，可以找到一个和"温湿度传感器"有关的积木，如下图所示。

后续涉及温湿度传感器的程序，程序搭建过程的讲解将按温湿度传感器 – 蓝色 DHT11 版进行介绍，最终源程序将分别提供两种不同的版本。

任务 1：监测温度与湿度

利用第 8 课里有关串口图表的知识，通过串口展示温度和湿度传感器获取的温度和湿度数值。

▶ 步骤 1：新建项目及初始化

在 Codecraft 创建新的 Arduino Uno/Mega/BeginnerKit 程序，并命名项目名称为"监测温度与湿度"。向工作区拖曳初始化与循环积木。

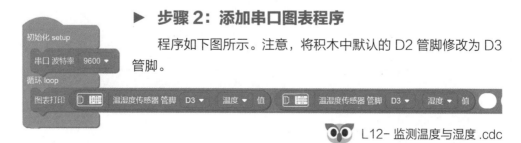

▶ 步骤 2：添加串口图表程序

程序如下图所示。注意，将积木中默认的 D2 管脚修改为 D3 管脚。

L12- 监测温度与湿度 .cdc

L12- 监测温度与湿度 –DHT20.cdc

▶ 步骤 3：上传并连接设备

将完成的程序上传到入门套件，并再次在 Codecraft 里连接设备，确认设备已连接成功。

▶ 步骤 4：开启串口图表

单击"串口图表"按钮，会打开"串口图表"窗口，如下图所示，可以看到滚动的数字（温度和湿度传感器的输出数值）。

因为温度和湿度很少变化，所以看到的应该是两条直线。可以向温湿度传感器轻微吹气，如下图所示，能看到吹气带来的温度和湿度的变化。

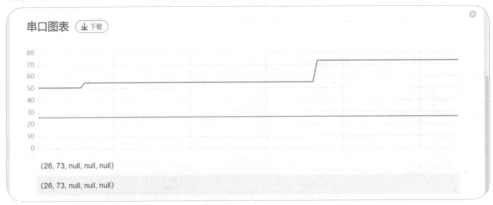

知道如何获取温度与湿度的数值，借助 OLED 显示屏，就可以做出一个温度与湿度计。任务涉及硬件如下图，需要用到入门套件的温湿度传感器和 OLED 显示屏模块。

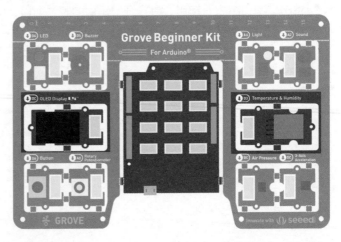

▶ 步骤 1：新建项目及初始化

在 Codecraft 创建新的 Arduino Uno/Mega 程序，并命名项目名称为"温度与湿度计"。向工作区拖曳初始化与循环积木。

步骤 2：创建温度与湿度的变量

创建用于显示温度与湿度的变量，为 2 个变量赋予传感器获取的数值，记得修改管脚为 **D3**。添加 OLED 显示变量的程序块，程序如左图所示。

上传到入门套件，OLED 上显效果如右图所示。

▶ **第 3 步：改进输出效果**

现在可以看到显示的温度和湿度值，但缺少必要的说明，还有刷新问题（数据会不断覆盖叠加在原来的数据上）。对程序做进一步的修改，如左图所示。增加数据说明，另外每秒清除一次屏幕显示以进行刷新。现在将程序上传后，显示效果如下图所示。

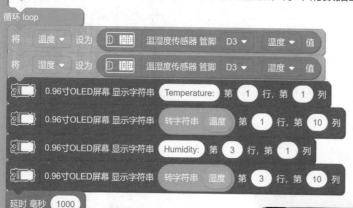

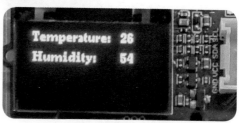

L12- 温度与湿度计 .cdc

L12- 温度与湿度计 –DHT20.cdc

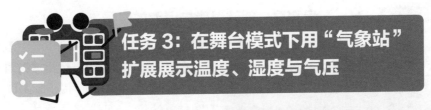

任务 3：在舞台模式下用"气象站"扩展展示温度、湿度与气压

从传感器获得的数据，可以通过多种方式向用户表达。这个任务将通过 Codecraft 的舞台模式，利用"气象站"扩展更优雅地展示这些数据，期望在计算机上显示的效果如右图所示。

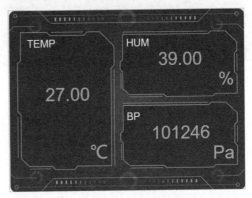

任务涉及硬件如右下图所示，需要用到入门套件的温湿度传感器和气压传感器。

▶ 步骤 1：修改项目名称

在 Codecraft 创建新的 Arduino Uno/Mega/BeginnerKit 程序，并命名项目名称为"小小气象站"。向工作区拖曳初始化与循环积木。

▶ 步骤 2：创建广播数据的程序

因为需要将硬件设备输出的数据传到 PC 的舞台模式，所以需要借助积木分类区的"串口"标签下的广播积木，如右图所示。

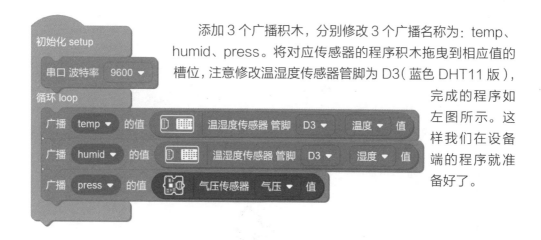

添加 3 个广播积木，分别修改 3 个广播名称为: temp、humid、press。将对应传感器的程序积木拖曳到相应值的槽位，注意修改温湿度传感器管脚为 D3(蓝色 DHT11 版)，完成的程序如左图所示。这样我们在设备端的程序就准备好了。

▶ **步骤 3: 在舞台模式下添加 "气象站" 扩展**

如下图所示。

1️⃣ 切换至 "舞台" 模式，在舞台模式的积木分类区的最下方，可以看到 "扩展" 按钮。

2️⃣ 单击 "扩展" 按钮，弹出 "扩展中心" 对话框。

3️⃣ 在 "扩展中心" 对话框，单击 "气象站" 选项的 "添加" 按钮。

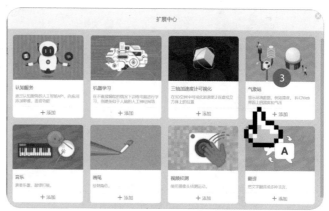

　　如下图所示，积木分类区增加了"气象站"的标签，单击它可以看到有关气象站展示的积木。

▶ 步骤 4：在舞台模式下添加气象站展示的程序

　　首先需要为舞台模式添加开始积木。在 Codecraft 积木分类区单击"事件"标签，拖曳左下图所示的积木到工作区。

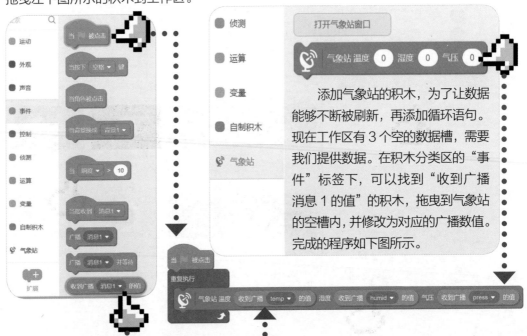

　　添加气象站的积木，为了让数据能够不断被刷新，再添加循环语句。现在工作区有 3 个空的数据槽，需要我们提供数据。在积木分类区的"事件"标签下，可以找到"收到广播消息 1 的值"的积木，拖曳到气象站的空槽内，并修改为对应的广播数值。完成的程序如下图所示。

▶ **步骤 5: 启动气象站**

遵循以下步骤启动气象站:

1. 在设备模式下,上传程序到入门套件。

2. 在设备模式下,连接设备。

3. 在舞台模式下,运行程序。

4. 在舞台模式下,在 Codecraft 积木分类区的"气象站"标签下,单击"打开气象站窗口"按钮,如下图所示:

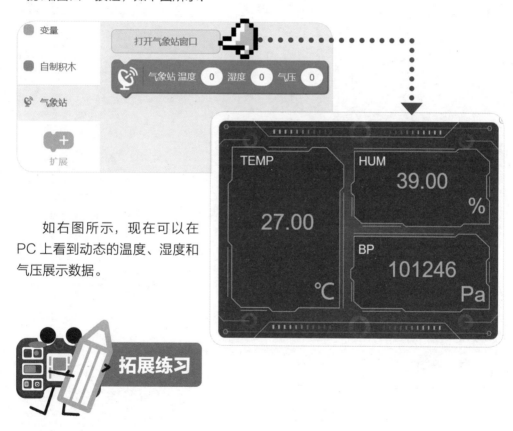

如右图所示,现在可以在 PC 上看到动态的温度、湿度和气压展示数据。

拓展练习

1. 使用 OLED 显示屏在温度和湿度之间循环切换显示。

2. 使用"气象站"功能,记录一天内自己家里的温度、湿度和气压的变化情况,并绘制相应的温度—时间关系图、湿度—时间关系图和气压—时间关系图。

第 13 课

三轴加速度计——运动与平衡

在我们使用智能手机或平板计算机时，屏幕显示的内容会根据设备是纵向还是横向而自动翻转。玩一些赛车或飞行类游戏时，可以将手机和平板计算机作为方向盘，通过偏转设备机身进行转向。越来越普及的无人机，大多都能够通过检测和控制机身的姿态，让自己的飞行越来越平稳。这些都离不开三轴加速度计的功劳。这节课将学习使用编程获取三轴加速度计的数据，并用这些数据进行展示和控制。

背景知识

我们如何感知运动——前庭系统

　　人和动物生活在外界环境中，保持正常的姿势是人和动物进行各种活动的必要条件。正常姿势的维持依赖于前庭系统、视觉器官和本体感觉感受器的协同活动来完成，其中前庭系统的作用最为重要。

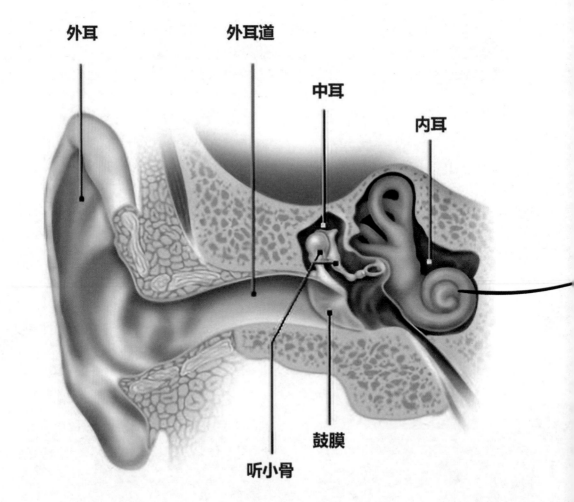

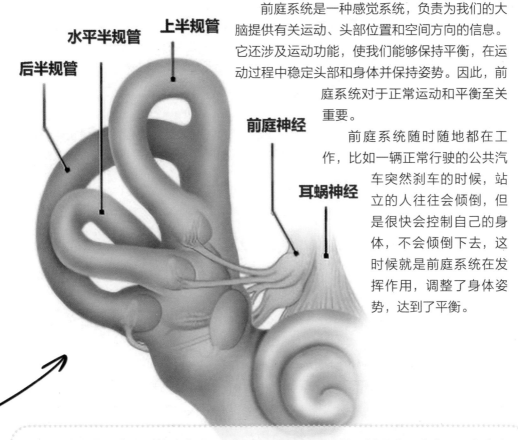

水平半规管
上半规管
后半规管
前庭神经
耳蜗神经

前庭系统是一种感觉系统，负责为我们的大脑提供有关运动、头部位置和空间方向的信息。它还涉及运动功能，使我们能够保持平衡，在运动过程中稳定头部和身体并保持姿势。因此，前庭系统对于正常运动和平衡至关重要。

前庭系统随时随地都在工作，比如一辆正常行驶的公共汽车突然刹车的时候，站立的人往往会倾倒，但是很快会控制自己的身体，不会倾倒下去，这时候就是前庭系统在发挥作用，调整了身体姿势，达到了平衡。

前庭器官是指内耳迷路中除耳蜗外，还有三个半规管、椭圆囊和球囊，三者合称为前庭器官，是人体对自身运动状态和头在空间位置的感受器。

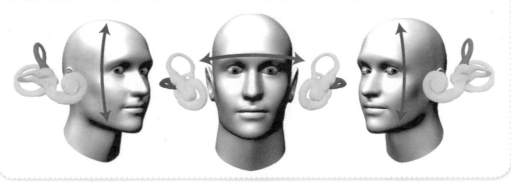

三个半规管中的每一个都负责特定的头部运动方向：其中一个响应头部向上或向下倾斜，一个响应向右或向左倾斜，一个响应向侧面旋转。

每个半圆形规管管内充满了液体，末端均是一个带有毛细胞的空间，这些空间称为壶腹。每当我们转动头部时，内耳会随之转动，半规管和壶腹中的液体也会随着我们的头部运动，由于惯性，耳朵中的感觉毛细胞会被液体"缓慢"弯曲。然后毛细胞通过神经将这些信息发送到大脑。

前庭系统过于敏感的人，在从事直线变速或旋转变速运动时，会反应过于强烈，引起姿势反射障碍和植物性机能紊乱，如头晕、恶心、呕吐、出汗等反应，这就是通常所说的晕车、晕船。

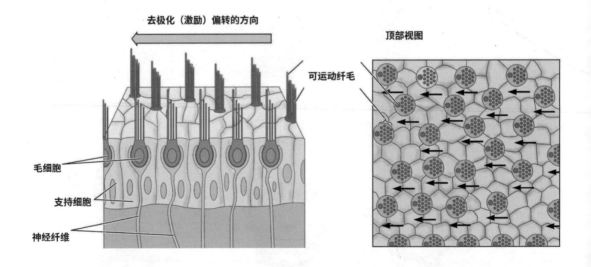

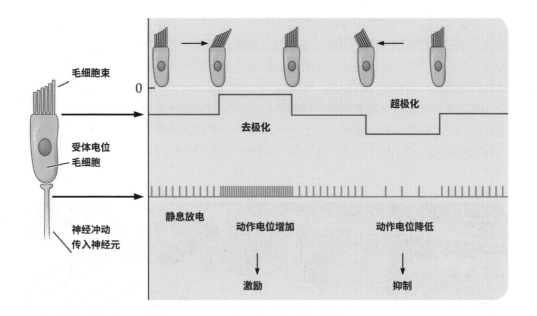

三轴加速度计

随着人们对健康的日益关注，越来越多的人开始佩戴手环、计步器，或使用手机记录行走步数。计步器到底是怎么工作的？现在的手机或手环里面，一般是借助一个非常小的芯片——三轴加速度计来实现计步功能。这种三轴加速度计就是计步器的关键元器件。

加速度计是一种能够测量加速度的传感器，通常由质量块、阻尼器、弹性元件、敏感元件和适调电路等部分组成。传感器在加速过程中，通过对质量块所受惯性力的测量，利用牛顿第二定律获得加速度值。根据传感器敏感元件的不同，常见的加速度计包括电容式、电感式、应变式、压阻式、压电式等。

电容式加速度计是基于电容原理的极距变化型的电容传感器，也是比较通用的加速度计，在某些领域无可替代，如安全气囊、手机移动设备等。电容式加速度计采用了微机电系统（MEMS）工艺，在大量生产时变得非常经济，从而保证了较低的成本。

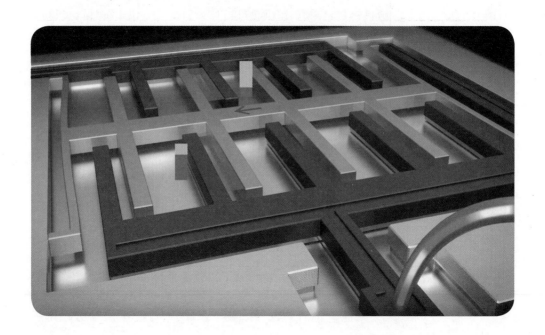

加速度计的应用

加速度计可以帮助机器人了解它身处的环境。是在爬山，还是在走下坡？摔倒了没有？对于平衡车或无人机，通过加速度计可以帮助它保持平衡。

除了手机、健康手环等日常领域，加速度计在其他领域也获得了广泛应用。

加速度计应用于地震检波器设计： 地震检波器（如右图所示）是用于地质勘探和工程测量的专用传感器，是一种将地面振动转变为电信号的传感器，能把地震波引起的地面震动转换成电信号，经过模/数转换器转换成二进制数据，进行数据组织、存储、运算处理。

加速度计应用于监测高压导线舞动： 目前国内对导线舞动监测（如左图所示）多采用视频图像采集和运动加速度测量两种主要技术方案。前者不仅对视频设备的可靠性、稳定性要求很高，而且拍摄的视频图像的效果也会受到天气情况的影响，在实际使用中只能作为辅助监测手段，无法定量分析导线运动参数；而采用加速度计监测导线舞动情况，虽可定量分析输电导线某一点上下振动和左右摆动的情况，但对于复杂的圆周运动无法准确测量。

汽车安全：加速度计主要用于汽车安全气囊、防抱死系统、牵引控制系统等（如右图所示）安全性能方面。在安全应用中，加速度计的快速反应非常重要。安全气囊应在什么时候弹出要迅速确定，所以加速度计必须在瞬间做出反应。通过采用可迅速达到稳定状态而不是振动不止的传感器设计，可以缩短器件的反应时间。

GPS 导航系统死角的补偿：我们平时导航要用 GPS，它是如何工作的呢？在地球赤道上空的同步轨道上，等距离地放置 3 颗互成 120°的人造卫星，就能基本实现全球的定位。在一些特殊的场合和地貌环境中，如隧道、高楼林立、丛林地带，GPS 信号会变弱甚至完全失去，这也就是所谓的死角。而通过加装加速度计及以前所通用的惯性导航，便可以进行系统死角区的测量。对加速度计进行一次积分，就变成了单位时间里的速度变化量，从而测出在死角区内物体的移动。

游戏控制：加速度计可以检测上下左右的倾角的变化，因此通过前后倾斜手持设备，可以实现对游戏中物体的前后左右的方向控制。很多新的游戏机手柄、VR 设备手柄（如下图所示），都装有加速度计。

硬盘保护：利用加速度计检测自由落体状态，从而对迷你硬盘实施必要的保护。大家知道，硬盘在读取数据时，磁头与碟片之间的间距很小（如下图所示），因此，外界的轻微振动就会对硬盘产生很严重的后果，使数据丢失。而利用加速度计可以检测自由落体状态。当检测到自由落体状态时，让磁头复位，以减少硬盘的受损程度。

除了以上提及的应用，还有计步器功能、防抖与拍摄稳定器、图像自动翻转、无人机等。

入门套件里的三轴加速度计

在我们的入门套件中，有一个三轴加速度计模块。右图指示了该模块在入门套件里的位置，标注 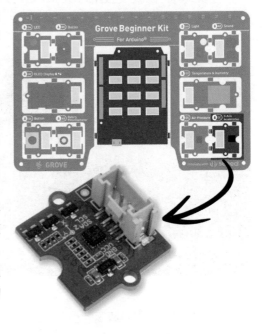 的模块就是三轴加速度计模块。

这个小得令人难以置信的三轴加速度计可以支持 I²C、SPI 和 ADC GPIO 接口，这意味着你可以选择任何方式连接开发板。此外，该加速度计还可以监控周围的温度，以调节由此引起的误差。

如下图所示，在 Codecraft 的积木分类区单击"Grove I2C"标签（应该为 I²C，但受软件界面限制被表示为 I2C），可以找到多个三轴数字加速度有关的积木，入门套件使用的是下图高亮指示的积木。

独立的三轴加速度计模块如右图所示。

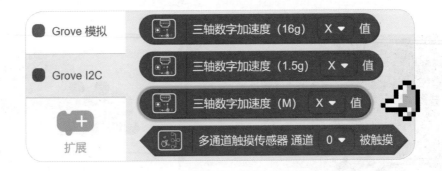

任务 1：三轴加速度计的数据监测

利用第 8 课里有关串口图表的知识，通过串口图表展示三轴加速度计传感器获取的温度和湿度数值。

▶ 步骤 1：新建项目及初始化

在 Codecraft 创建新的 Arduino Uno/Mega/BeginnerKit 程序，并命名项目名称为"监测三轴加速度计"。向工作区拖曳初始化与循环积木。

▶ 步骤 2：串口图表程序

添加串口展示相关程序，如下图所示。

L13- 监测三轴加速度计 .cdc

▶ 步骤 3：上传并连接设备

将完成的程序上传到入门套件，并再次在 Codecraft 里连接设备，确认设备已连接成功。

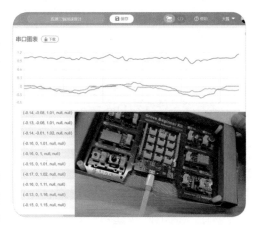

▶ 步骤 4：开启串口图表

单击"串口图表"按钮，会打开"串口图表"窗口，如右图所示。手持入门套件进行倾斜或翻滚，除了数值滚动，还能看到三个坐标轴的数值变化和三轴数据线的变化。

可以看到，这些数值在 -1~1 变化，其中三轴相对于加速度计芯片的位置如右图所示。

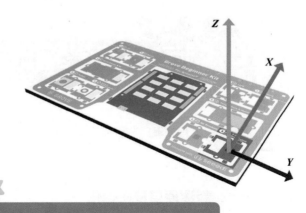

任务 2：姿态稳定检测仪

知道如何获取三轴加速度计的输出数据后，我们可以用这些数据做一些有趣的尝试。比如姿态稳定监测仪，当三轴加速度计监测到 x 或 y 方向的数值变化偏离阈值（0.2）时，LED 灯就点亮，蜂鸣器发出鸣叫，直到恢复水平后关闭。

任务涉及硬件如右图，需要用到入门套件的：LED 模块、蜂鸣器模块和三轴加速度计模块。用到入门套件的：LED 模块、蜂鸣器模块和三轴加速度计模块。

▶ 步骤 1：新建项目及初始化

在 Codecraft 创建新的 Arduino Uno/Mega 程序，并命名项目名称为"姿态稳定检测仪"。向工作区拖曳初始化与循环积木。

▶ **步骤 2：添加判断与警报触发和关闭程序**

整理判断的变化条件如下：

● 如果 x 值或 y 值，任意一个读数的绝对值大于0.2，就触发警报（打开 LED 灯和蜂鸣器）。

● 否则就关闭触发警报（关闭 LED 灯和蜂鸣器）。

根据此设定编写程序如下图所示。

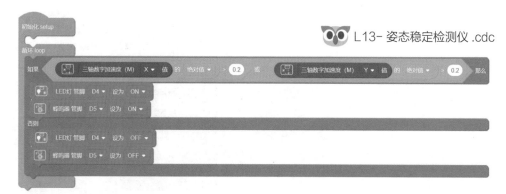

L13- 姿态稳定检测仪 .cdc

▶ **步骤 3：上传并测试**

将程序上传到入门套件，如下图所示。将入门套件进行倾斜，可以看到 LED 灯变亮和听到蜂鸣器的告警。

这个任务，我们将使用 Codecraft 舞台模式下的"三轴加速度计可视化"扩展，用一个 3D 立方体，来展示三轴加速度计检测到的姿态变化。

任务涉及硬件如右图所示，需要用到入门套件的三轴加速度计模块。

▶ 步骤 1：新建项目及初始化

在 Codecraft 创建新的 Arduino Uno/Mega 程序，并命名项目名称为"三轴加速度计可视化"。向工作区拖曳初始化与循环积木。

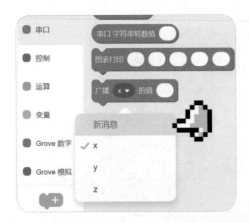

▶ 步骤 2：在设备模式下广播三轴加速度计三轴数据

因为要使用入门套件向 PC 发送数据，所以需要借助串口的"广播"功能。如左图所示，在 Codecraft 的 积木分类区，单击"串口"标签，广播积木使用"新消息"，分别建立 3 个消息：x、y、z。

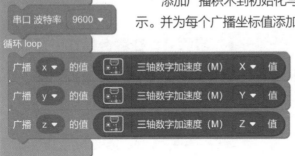

然后放置"串口波特率 9600"积木到初始化与循环积木的初始化区域。

添加广播积木到初始化与循环积木的循环区域,如左图所示。并为每个广播坐标值添加三轴加速度计对应的坐标轴的值。

有了这些程序,入门套件就可以不停地通过串口广播三轴加速度计的 3 个坐标的数值。现在设备模式下的程序已经完整了,如左图所示,接下来需要进入舞台模式。

► **步骤 3:在舞台模式下添加"三轴加速度计可视化"扩展**

如下图所示。

① 切换至"舞台"模式,在舞台模式的积木分类区的最下方,可以看到"扩展"按钮。

② 单击"扩展"按钮,弹出"扩展中心"对话框。

③ 在弹出的"扩展中心"对话框中,单击"三轴加速度计可视化"的"添加"按钮。

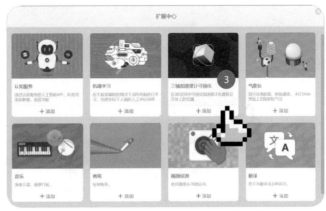

如左图所示，积木分类区增加了"三轴加速度计可视化"的标签，单击可以看到有关三轴加速度计可视化的积木。

▶ 步骤 4：在舞台模式下添加三轴加速度计可视化展示的程序

首先需要为舞台模式添加开始积木，如下图所示。在 Codecraft 积木分类区单击"事件"标签，拖曳"当▇被单击"积木到工作区，如下图所示。

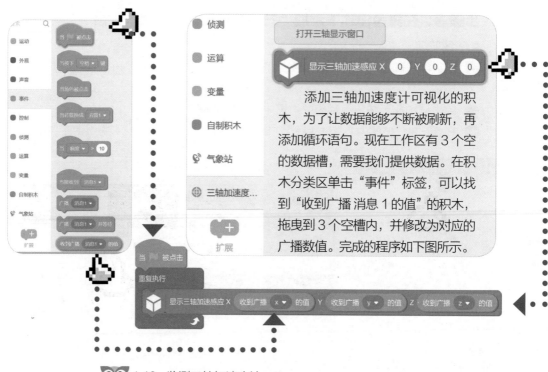

添加三轴加速度计可视化的积木，为了让数据能够不断被刷新，再添加循环语句。现在工作区有 3 个空的数据槽，需要我们提供数据。在积木分类区单击"事件"标签，可以找到"收到广播 消息 1 的值"的积木，拖曳到 3 个空槽内，并修改为对应的广播数值。完成的程序如下图所示。

L13- 监测三轴加速度计 .cdc

► 步骤 5：上传程序并开启三轴加速度感应展示

完成必要的程序后，就需要让各个部分开始运作，操作如下。

1. 首先回到设备模式，连接入门套件和计算机，然后在 Codecraft 里上传程序到入门套件，如下图所示直至显示"上传成功"。

2. 在 Codecraft 里连接设备，如下图所示。

如下图所示可以视作连接成功状态。

3. 进入舞台模式，开始运行舞台模式的程序，如下图所示，单击运行按钮，右侧工作区程序出现金边，表明现在进入运行状态。

4. 展开"三轴加速度计可视化"标签，单击"打开三轴显示窗口"按钮，会看到一个 3D 的立方体。现在摆动入门套件，可以看到立方体会随着入门套件的姿态变化而翻转。

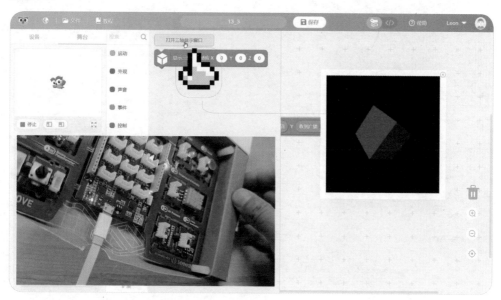

拓展练习

1. 在任务 3 中，在舞台模式下手工输入三轴加速度计可视化的数据，查看 3D 立方体的变化。

2. 在任务 2 中，将 x 轴的数值重新映射到 0~255，然后根据 x 轴的变化让 LED 灯呈现不同的亮度。

3. 利用加速器，测量所在地物体自由下落时的加速度大小、电梯运行过程中的加速度大小，以及运动员百米跑整个过程中的加速度变化。

4. 利用可视化加速器，展示篮球运动员运球过程中的加速度变化。

第 14 课
入门套件创意脑力训练

通过前面的学习，入门套件上的所有模块现在对你来说，应该都已不再陌生。有了这些认知，你可以开始尝试按照自己的想法构造一些电子产品。在正式开始做"大项目"之前，让我们先做一个"入门套件创意脑力训练"，从入门套件的 10 个模块里，随机抽取 4 个模块（熟悉后可以增加模块的数量），然后用这 4 个模块创建一个有用或有趣的项目。

创意没有标准答案

　　进入创意领域后，你会发现这里的一切和平日所学、所做试题大不相同。最明显的差异就是，对创意而言没有标准答案。解决问题的方法会随着你的认知增加而越来越多样化。即便是一个产品设计需求，不同的设计师的出品也会各自不同，但这也是创意最迷人的地方。

　　这一课将使用入门套件随机选择模块的方式训练创意，不要试图找一个标准答案，因为没有标准。每个人的思维都是独特的，思考的出发点和最终展现的创意，会因为大家的学识、眼界、生活经历等的不同而千差万别。所以重点是，创意是否足够好玩，是否有足够的吸引力驱动你迫不及待地去完成它。

入门套件创意脑力训练

入门套件上有 10 个模块：

1. Grove – LED：简易的 LED 模块。

2. Grove – 蜂鸣器：压电式蜂鸣器。

3. Grove – OLED 显示屏：0.96 寸 /128×64 点分辨率 / 高亮度 / 自发光和高对比度 / 紧凑设计的低功耗大屏幕。

4. Grove – 按键。

5. Grove – 旋转式电位器。

6. Grove – 光传感器：检测环境的光强度。

7. Grove – 声音传感器：检测环境的声音强度。

8. Grove – 温度 & 湿度传感器：检测周围的温度和湿度值。

9. Grove – 气压传感器：检测周围的大气压。

10. Grove – 三轴数字加速度计：检测物体加速度。

这个训练很"简单"，我们为读者准备了一个 Codecraft 的小程序，如左下图所示。程序每次运行，可以随机选出 4 个不重复的模块，如右下图所示。

用产生的 4 个随机模块，思考可以做出什么样装置，下面是我们给出的创意。

模块	创意
加速度计 **蜂鸣器** **LED** **按键**	**多人游戏：** 拆弹专家 **玩法：** 多人分成多组，每组多人接力运送"炸弹"经过指定距离到安全区，要求保持"炸弹"足够平稳，剧烈的翻转、碰撞或加速，都会导致"炸弹"被引爆——由红灯闪烁状态变成常亮状态，蜂鸣器常响。用时最少并成功到达目的地的组获胜。 **装置名称：** 拆弹专家游戏道具 **装置制作说明：** ● 将入门套件和充电宝固定在一个用作多人游戏"拆弹专家"的道具箱顶部，确保板子可见、可操作。 ● 按键可重置游戏，游戏开始后，在按键上设置保护盖，确保中途不会被玩家重置。 ● 编程利用串口图表设置加速度计的安全阈值，超过阈值就设置为爆炸状态（根据实际体验测试调整）。 ● LED 灯在安全状态下闪烁，在爆炸状态下常亮。 ● 蜂鸣器在安全状态下为低频鸣叫，在爆炸状态下为高频持续鸣叫。

如此，就完成了一个游戏装置的创意，你可以根据装置制作说明完成程序的部分并进行测试。

下面请自行运行程序，写下随机获得的模块，并根据模块思考可以制作的装置，完成创意后，再针对创意进行编程。

模块	创意

如果想进一步提高挑战难度，可以将随机的模块数量由 4 修改为期望的 5~9，在左图程序中手指所示位置修改。当然，模块越多，装置功能会越复杂。如果发现有些模块组合实在无法提供有价值的创意，可以再次运行并更换。

经历了这些训练后，你就可以开启本书的第 02 章，踏上创客之路了。

02 章

入门套件
与扩展项目

第 15 课
产品原型设计启蒙

　　既然你能坚持看到这里，无须怀疑，你骨子里必定是一个"创客"，"想要自己做个东西"的想法不断在你脑子里萦绕。本节将为你如何成为一个创客提供一些建议，以及制作电子产品原型设计的入门指导。

什么是创客

创客

创客是一群酷爱科技、热衷实践的人群，他们以分享技术、交流思想为乐，以创客为主体的社区则成了创客文化的载体。

创客文化

是一种亚文化，是在大众文化当中产生的变种文化。亚文化通常植根于有独特兴趣且抱有执着信念的人群，创客正是这样的一群人——他们酷爱科技、热衷亲自实践，并且坚信自己动手丰衣足食。

创客特点的内涵

创客的兴趣主要集中在以工程化为导向的主题上，例如电子、机械、机器人、3D 打印等，也包括相关工具的熟练使用，如 CNC、激光切割机等，还包括传统的金属加工、木工及艺术创作，例如铸造、手工艺品等。他们善于挖掘新技术、鼓励创新与原型化，他们不单有想法，还有成型的作品，是"知行合一"的忠实实践者。他们注重在实践中学习新东西，并进行创造性的使用。

论一个创客的自我修养

成为一个优秀的创客，不单单是学学硬件模块、编程知识，还需要有意识地培养一些习惯。

保持游戏心态，怎么做更"好玩"

当我们思考一个创意的时候，保持游戏心态非常重要。游戏心态的本质是，考虑创意的出发点是如何让创意变得更"好玩"。当我们做"好玩"的事时，更容易全身心投入。

保持好奇心，体验从未做过之事

对周遭的事物保持强烈的好奇心，也是创客非常重要的习惯。有时，我们会认为自己不擅长做某事，就放弃尝试。但作为一个创客，DIY 精神是极其重要的，DIY 精神的一部分就是尝试你从未尝试过的东西。

所以即便你不擅长做某事，也可以将其视为一种获得独特体验的尝试。比如尝试做饭，体验没有玩过的游戏，尝试一种从未玩过的运动，学习演奏乐器，去看一场吸引你的展览……在探索新事物的过程中，积极调动全身的感官去体验，并不断向自己提出问题，尝试探究这些问题的原因和解决方案。创造力的培养需要大量的感官输入做土壤，当输入足够丰富的时候，大脑会在看似混乱无关联的事物之间自然建立连接，产生创意……

独立思考，积极行动

作为一个创客，当你获得一个问题的解决方案创意时，开始只是一个想法，在行动之前，需要进行一番独立思考。关于创客问题独立思考的建议如下：

- 借助搜索引擎，查找针对这个问题是否已有别人做过类似项目。你可以通过学习和理解前人提供的解决方案，避免自己重复"造轮子"，思考如何优化和改进，找出最适合自己项目的解决方案。

- 使用**六顶思考帽工具（如下图所示）**，对方案从多维度进行审视。
- 针对决策的创意方案积极行动，快速做出原型，进行验证。有了原型，就实现了从 0 到 1 的跨越，就有了迭代优化的基础。否则再好的创意，也只是一个想法，还是 0。

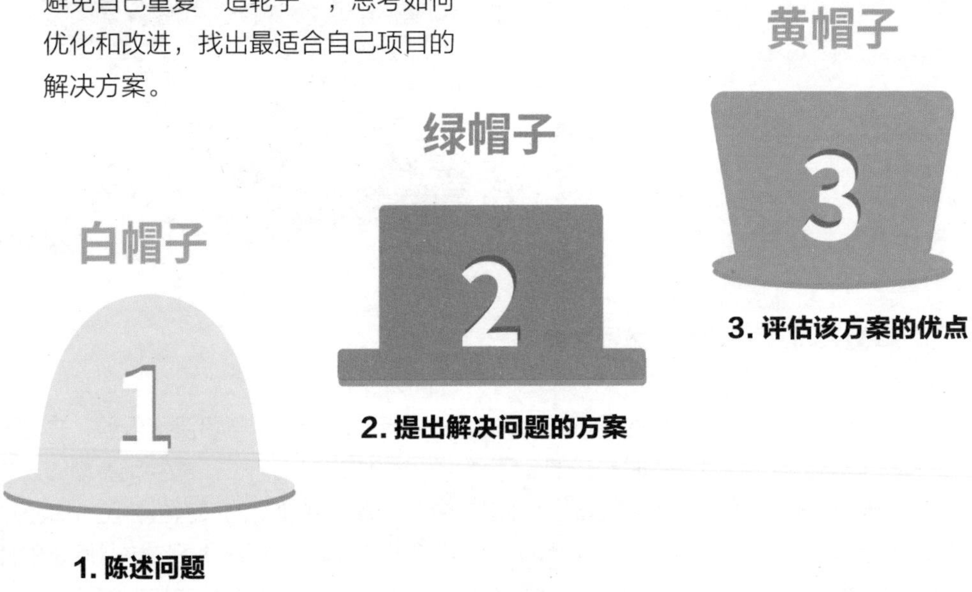

黄帽子

绿帽子

白帽子

3

2

1

3. 评估该方案的优点

2. 提出解决问题的方案

1. 陈述问题

蓝帽子

红帽子

黑帽子

6. 总结陈述，做出决策

5. 对该方案进行直觉判断

4. 列举该方案的缺点

特别提醒

　　对创客而言，所有的能力中，"行动力"恐怕是最重要的能力。下面将简单介绍电子产品原型设计的启蒙知识，并通过一个资深创客的设计示例，帮助读者找到创客行动的正确打开方式。

作者介绍：

温燕铭，90 后，女，毕业于香港中文大学、华南理工大学，法学硕士，硬件产品经理，发明爱好者，创业者。

十多年科技实践和创客经验，曾就职于迪拜的科技创新加速器、深圳创客教育机构、开源硬件企业，在深圳创办了公司专门从事专利和产品研发，拥有近二十项国家专利授权，获得国家法律职业资格证、教师资格证、多旋翼无人航空系统机长证。曾获深圳市无人机组装大赛冠军、深圳逐梦杯大学生创新创业大赛二等奖。

产品原型设计的基本流程

从创意到产品原型再到产品，是每一个产品生产必须经历的过程。产品原型可以让我们用低成本的方式快速地验证创意、功能、产品可行性，为产品的测试、优化、更新迭代提供基础。每一个成功的产品背后，可能已经有过无数次的产品原型的迭代。因此，做好产品原型，是一个成功产品的必经过程和坚实基础。

不同的产品类型和不同的产品阶段所需要制作的产品原型并不一样，我们提到产品原型时指的可能有概念性原型、功能性原型、小批量生产原型、工厂手板等。针对电子类硬件产品，这里讨论的主要是针对产品概念和功能实现的产品原型。

一般而言，功能性产品原型的设计主要有以下几个过程。

1. 发现并明确要解决的问题

爱因斯坦曾说过"提出一个问题往往比解决一个问题更为重要"。每个产品都必定是为了解决某一个问题或提供某种益处而存在的，因此，发现并明确要解决的问题，是明确产品设计需求和进行产品设计的前提。

需要注意的是，发现一个问题，并不代表真正理解和正确定义这个问题。举个例子，100多年前，福特公司的创始人亨利·福特先生到处跑去问客户需要一个什么样的交通工具，几乎所有人的答案都是："我要一匹更快的马"，但是人们真的需要一匹更快的马吗？如果福特先生就此定义问题，可能我们就不会这么快拥有更快、更舒适的汽车了。

更快的马

或

更快的交通工具？

2. 需求分析和产品定义

问题定义清楚后，可以从中发掘出用户未被满足的需求。就如同上面的例子，当时人们的问题其实是，怎样更快地到达目的地，所以对应的需求是"更快的交通工具"，而非"更快的马"。所以，我们要善于从发现的问题中发掘更深层次的、真正的需求。

需求分析一般需要对用户人群和使用场景进行分析，从而推导出需要的功能，也就是明确：为了谁，在什么场景下，实现什么功能，从而获得什么益处，如下图所示。

需求分很多种：是用户真正的需求，还是表面上的需求？是非常迫切的需求，还是一般的需求？是高频的需求，还是低频的需求……这些都需要我们根据实际进行分析，从而基于这些需求做出正确的产品定义。

每一个产品最终都需要通过**市场商品化**来实现它的最大价值，因此，在以后需要设计市场化产品的时候，还需要进行一系列市场分析，包括市场规模、销售预期、盈利能力、回本周期、投入产出比等。

3. 硬件选型和搭建

对于电子产品的设计，需求定义好了，就需要找到适合实现这些功能需求的硬件。

在选择硬件的时候，一般需要考虑的要素包括：可行性、成本、体积、重量、性能、寿命、外观等。一个优秀的产品设计者，最重要的能力之一就是基于产品定义和需求，进行多方面要素的综合考虑，在这些要素中进行平衡和取舍。很多时候，并没有唯一正确的答案。

一般而言，进行原型搭建，首先应该考虑的是做一个最简可行性产品（Minimum Viable Product，MVP），如右上图所示。作用是用最少的资源，快速验证产品，快速完善迭代。

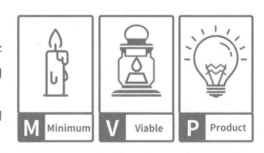

4. 软件开发和功能实现

在软件开发之前，很多资深的软件开发工程师都会根据所需实现的功能先画出功能实现流程图，这样既有助于理清软件设计思路、检查功能逻辑、方便查漏补缺，也可以在编程时随时参考，做到心里有数。

因此，无论软件功能开发的复杂程度如何，都建议大家能养成良好的习惯，先画出功能实现流程图，可以是简单的手绘

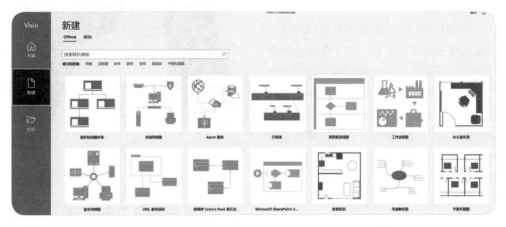

使用 Visio 可以绘制多种类型的流程图

草图，也可以用如 Visio、Axure 等专业的软件绘制，下图所示为 ViSio 软件的界面。

在软件开发的时候，尽量做到高效简洁，充分利用开源社区的优势，学会更有效地利用现有硬件和软件资源，比如很多硬件或应用都已经有很多现成的开源库和例程，在开发的时候可以多参考，遵守相应的开源协议使用相关资源，不要把时间花在重复造轮子上。

5. 原型测试和优化

原型制作完成后，需要对其进行测试，检验其功能实现是否满足原有设计需求，这个过程应该尽可能多地让目标用户人群参与进来，搜集他们的反馈意见，这样就可以更好地发现产品原型中的缺陷，进行补救和完善，对设计更新迭代，最后做出符合用户需求的设计方案，为正式的产品设计打下坚实的基础。

产品原型实践——"一米距离报警器"原型

下面就以"一米距离报警器"的产品原型制作过程为例，体验产品原型设计的流程。

1. 发现并明确要解决的问题

2020 年年初，全球爆发新冠疫情，疫情防控形势非常严峻，为了防止病毒通过飞沫和近距离空气接触传播，各国政府和卫生防疫部门都要求大家减少人群聚集，尽可能保持一米以上的社交距离。然而，要大家时刻牢记这一点和保持准确的一米以上距离并非易事。对于小朋友而言，经常会因为玩得开心就忘记了保持距离，或者对要保持多远的距离没有概念。出门在外的时候，也有一些陌生人因为缺乏防

疫意识，不自觉地会离我们比较近，这时我们也需要找到一个礼貌提醒的方式。

所以，我们就从生活里得出了一个问题：**如何时刻提醒人们保持一米以上的社交距离？**

2. 需求分析和产品定义

问题定义好了，我们来分析一下这一个问题引发的核心需求：**一个给大众使用的、在别人进入自己一米距离范围的时候发出提醒、从而让大家自觉保持一米社交距离的防疫提醒装置。**

针对核心需求进一步思考，这个提醒应该是什么方式的提醒呢？可以联想到平时使用的电子产品，一般都有什么提醒方式呢？无非就是声音、亮灯、震动、屏幕文字提示等。考虑到提醒需要及时、直接、明显，距离一米左右的使用场景下屏幕不容易看清，而且加入屏幕后体积会比较大，成本也更高，所以我们不考虑加入屏幕。剩下的就是声音、亮灯和振动了，可以继续根据成本、体积和外观等要素的平衡进行取舍，选择必要的提醒方式，这里没有唯一的答案。

根据需求分析的过程，我们姑且把产品定义为：**检测到有人距己一米距离范围内时，就会发光、震动提醒的装置。**

3. 硬件选型和搭建

产品定义好了，我们可以从中分解出两个核心功能需求：

- 检测人进入一米距离范围。
- 报警提醒自己和他人。

分别用什么样的硬件去实现呢？在产品原型实现的过程中，我们一般会选择成本低、资料全、例程多的开源硬件，综合考虑了成本、功能实现、搭建难度、体积、软件开发资源等要素后，我选择了以下硬件：

功能需求	硬件产品	功能介绍
主板	 Seeeduino XIAO (SAMD21)	矽递科技研发推出的基于 SAMD21 的极小主控板，体积只有 20×17.5×4.5mm（约一个大拇指大小），接口丰富，性能强大，非常适用于开发各种小体积装置
拓展板	 Grove Shield for Seeeduino XIAO	Seeeduino XIAO 的 Grove 拓展板，板载 8 个包含 IIC 和 UART 数据类型的 Grove 接口，可以方便地连接带有 Grove 接口的传感器和执行器，无须焊接，内置电源管理系统，可以通过 USB 对锂电池充电。和 Seeeduino XIAO 搭配，可以方便地进行模块测试、制作各种小体积的项目原型
距离检测	 Grove 飞行时间距离传感器（TOF）	检测距离的传感器有很多，大部分是通过超声波、红外、激光等进行测量，其中 Grove 飞行时间距离传感器为一款基于 VL53L0X 的新一代 ToF 激光测距模块，可以提供精确及长达 2 米的距离测量功能，该模块的小体积和高精度度让我优先选择了它

灯光报警	Grove 灯环 （Circular LED）	带有一圈 LED 灯的 Grove 灯环，可亮一圈白色光，外形美观，相比于单个 LED 灯，可以提供较大范围的相对明显的灯光提醒
振动报警	Grove 振动马达 （Vibration Motor）	一个板载振动马达的 Grove 模块，可以即插即用，方便通过数字信号控制产生连续或间断的振动提醒
供电	3.7V 锂电池（401119）	体积迷你的常用于蓝牙耳机供电的 3.7V 锂电池，型号为 401119，代表电池的厚度、宽度、长度分别为 4mm、11mm、19mm，该尺寸锂电池焊接到 Grove 拓展板上的锂电池焊盘后，可以直接放置于 Seeeduino XIAO 和 Grove 拓展板之间的空隙中，使产品更加整洁美观
连线	Grove 通用连接线（5cm）	Grove 通用连接线是搭配 Grove 系统的标准连接线，可方便地即插即用，无须焊接和考虑线序，通过 Grove 线将各个传感器和执行器连接到拓展板上，搭建项目像搭积木一样简单，节省了很多时间。5cm 的短线非常适用于空间紧凑的产品原型

因为所选用的硬件模块有着很好的外形结构，可以直接用于搭建距离报警器的外形，省了制作外壳的时间，所以制作的方式比较简单，只需要将各个硬件连接到相应的接口上，摆好各自的位置，然后用热熔胶简易黏起来，即快速完成了一米距离报警器的硬件连接和外形搭建。硬件连接如下图所示。

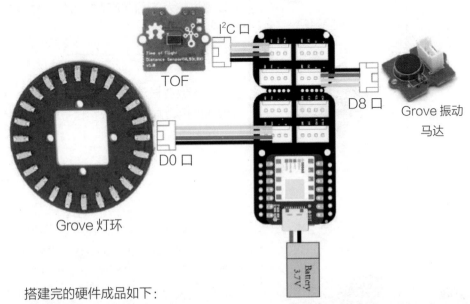

搭建完的硬件成品如下：

4. 软件开发和功能实现

在正式编写程序之前，我先规划了软件需要实现的功能和逻辑，用 Visio 画出功能实现流程图如下页左上图所示。

因 为 Seeeduino XIAO 支 持 用 Arduino IDE，于是我选择在 Arduino IDE 里进行编程。矽递科技提供的硬件大部分都开源，且对于产品有着很好的文档支持，所以在编程的过程中，我在 Seeedstudio 官网上找到对应开源硬件

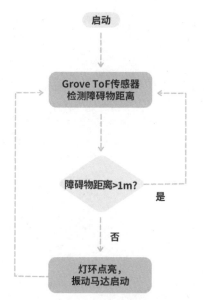

的 wiki，下载相应的库文件[①]，参考用到模块的例程，很快就完成了程序，源程序请扫描封底"本书资源"二维码，在源程序目录下查看：Distance_Alarm_Makerming.ino。

完成程序编写并编译成功后，通过 TypeC 连接 Seeeduino XIAO 到计算机，将编写好的代码通过 Arduino IDE 下载到 Seeeduino XIAO 上，如下图所示，上传代码成功后，即完成了产品原型的搭建。

5. 原型测试和优化

完成原型制作后，接下来就是原型的测试了。首先需要测试做出来的原型是否

实现了基本功能，即检测到人在一米范围内时是否会有声音和灯光的报警；然后需要放到实际场景中使用，看用户使用体验是否足够好。如果发现都能很好地满足产品的需求和定义，就可以认为这个产品原型是成功的，接下来就可以进行下一步的产品研发了。当然，如果在测试的过程中发现了问题，就需要重新进行调整和完善，然后再测试，重复这一过程直到产品原型符合要求，定下最终方案。下图为测试原型的场景。

成百里者半九十，完成产品原型只是制作一个成功产品的第一步，每一个产品的诞生背后都需要花费大量的心血，不断地反复尝试和调整，才有可能做到最好。而最终产品是否能够成功，除了满足用户的需求，还需要经历更多市场的考验，这就需要同学们在开始学习做产品的时候，始终保持匠心精神，同时保持对市场的敏锐触觉，学习更多产品以外的知识。

路漫漫其修远兮，望大家都能不忘初心，上下求索，最终做出成功的产品。

---

① 库文件即开发者提供的一定功能的合集，可以通过简单调用的方式使用，无须自己重新编写代码。

第 16 课

扩展项目 1: 智能加湿器

从本课开始，我们将学习使用 Grove Arduino 入门套件及 Grove 教育扩展包里的模块来制作简单有趣的项目，这些项目可以在日常生活中使用。由于教育扩展包里的模块并未和主控相连，因此需要使用 Grove 电缆连接它们。此外，综合项目将要求你制作一些结构零件，随书资料中提供了可以用于激光切割机的设计文档，读者可以下载。本课将使用一个加湿器的模块，结合入门套件的温度与湿度传感器，制作一个当湿度低于指定阈值就自动加湿的加湿器。

背景知识

教育扩展包

　　Grove 教育扩展包，英文为 Grove Beginner Kit for Arduino Education Add-on Pack Grove，本书简称"扩展包"，如右图所示。其中包含的模块如下表所示。使用入门套件和扩展包结合，就能做一些小规模且有一定复杂度的项目。

执行器	传感器
 **Grove – 加湿器** v1.0 ×1	 **Grove – 超声波测距传感器** ×1
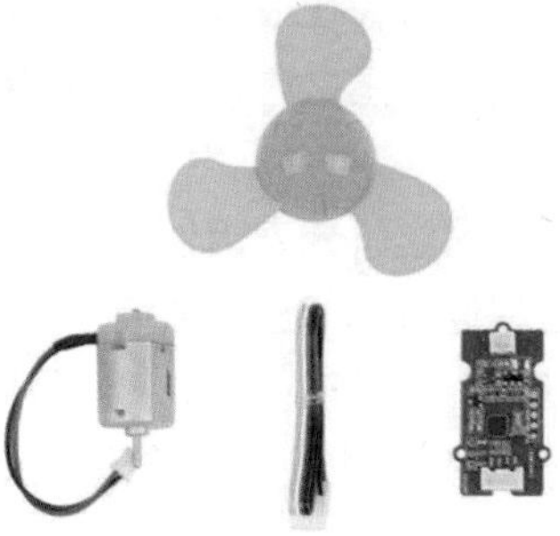 **Grove – 迷你风扇** v1.1 ×1	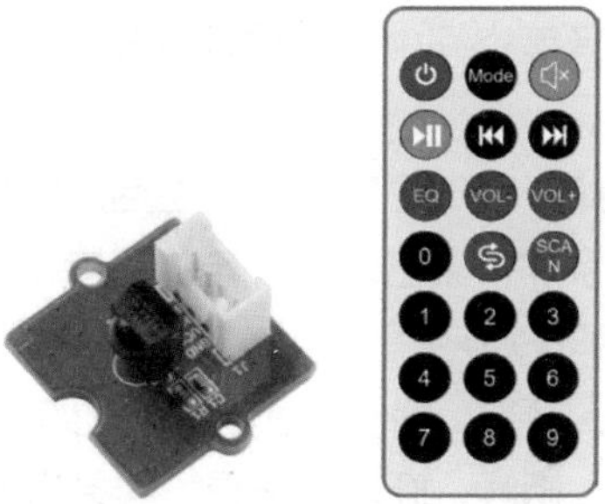 **Grove – IR 红外接收器** ×1，遥控器 ×1
 **舵机**	 **Grove – 迷你无源红外运动传感器**

背景知识

湿度及其作用

湿度（准确地说是相对湿度）是空气中水蒸气的含量，它是指在当前温度下，单位体积空气中的实际水蒸气含量，与单位体积空气中所能容纳的最大水蒸气含量之比。

湿度对人们的生产、生活有着极为重要的影响，比如，在很多实验室、库房、恒温恒湿设备等空间中，都需要将湿度控制在一个合理的范围之内，以达到某种保存或实验效果。

再比如，空气湿度与人的生活起居也密切相关。医学研究表明，空气湿度与呼吸之间的关系非常紧密，在一定的湿度下氧气比较容易通过肺泡进入血液。此外，空气湿度在 40%~60% 是让人感觉舒适的；如果湿度过高，会影响人调节体温的排汗功能，减缓汗液的蒸发，会使人感到闷热；如果空气中的湿度低于 40%，则会造成室内干燥，导致皮肤、咽喉、呼吸道干燥，容易引发哮喘等呼吸道疾病。

空气湿度过高或过低都会对生产、生活产生影响，因此，我们应想办法将室内的空气湿度控制在一个合适的范围内。

以人居住的环境为例，理想的室内湿度范围是 40%~60%。如果我们使用温湿度传感器检测到湿度低于此范围，应如何提高湿度？换句话说，我们如何才能在空气中放更多的水蒸气？

相对湿度 (RH)%

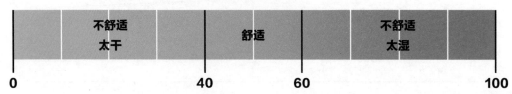

如何给空气加湿

将水变成水蒸气，最容易想到的做法是加热，通过提高水的温度加快水的蒸发，达到补充空气中水蒸气的目的。但是这种做法并不简单易行，加热会带来热量的耗散，而且加湿的效果较为缓慢，可控性也很差。

另一种常见的加湿方法是使用超声波加湿器将水汽化。超声波是声音频率（即声音音调）高于 0.02MHz 的声波，它具有波长短、频率高、能量高的特点。超声波加湿器用以超声波频率振动的陶瓷膜片来产生水滴，这些水滴以冷雾的形式无声地离开加湿器，由于人耳并不能直接听到超声波，因此超声波加湿器工作时并不会干扰人们的正常工作。左图是一个常见的家用超声波加湿器工作时的样子。

超声波加湿器使用压电换能器在水膜中产生高频（1~2 MHz）机械振动，这会形成直径约 1μm 的极细小水滴，并迅速蒸发成湿气气流。这正是 Grove 加湿器模块（如右图所示）的工作原理，本课将使用它来构建智能加湿器系统项目。

扩展包中的 Grove 加湿器

Grove 加湿器是使用 Arduino 快速 DIY 加湿器的理想模块。它具有 Grove 接口，可通过即插即用的方式轻松集成到众多应用程序中。除了加湿器，你还可以使用数字气味技术以及需要雾化的任何其他需求，来开发更高级、更有趣的项目。

如左图所示，在 Codecraft 的积木分类区单击"Grove 数字"标签，可以找到雾化器相关积木。

综合项目：智能加湿器

结构搭建

为了便于展示，我们为智能加湿器设计了适合的结构，可以扫描封底二维码下载适于激光切割机的 dfx 文件：**Grove Beginner Kit 项目（加湿器）.dxf**。

切割后简单拼接组装即可，最终完成的设备外观如下图所示。

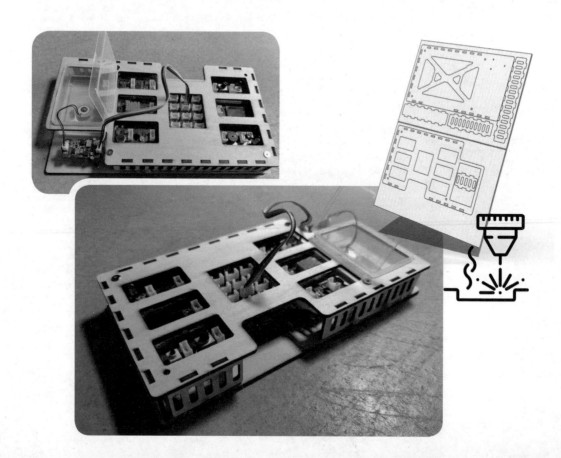

硬件设备连接

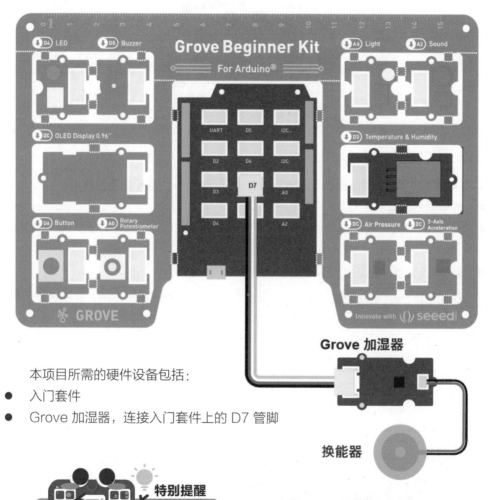

本项目所需的硬件设备包括：

- 入门套件
- Grove 加湿器，连接入门套件上的 D7 管脚

特别提醒

　　设备开始工作时，需要将 Grove 加湿器的换能器置于水中，保持换能器中心的金属凸起面向上并不被水淹没，如右图所示。

需要通过编程实现的功能如下：

- 根据温度与湿度传感器的湿度读数，如果低于 60%，就开启加湿器。
- 如果温度读数高于 60%，就关闭加湿器。
- 优化展示效果，使用 Codceraft 的"气象站"扩展，展示温度、湿度和气压的数值。

▶ 步骤 1：新建项目及初始化

在 Codecraft 创建新的 Arduino Uno/Mega/BeginnerKit 程序，并命名项目名称为"智能加湿器"。向工作区拖曳初始化与循环积木，如下图所示。

► **步骤 2：实现智能加湿器的基本功能**

实现代码功能如下面第一幅图所示，如果湿度值低于预设阈值（60%），它将打开加湿器模块。将程序上传到入门套件，然后测试，效果如下面第二幅图所示。

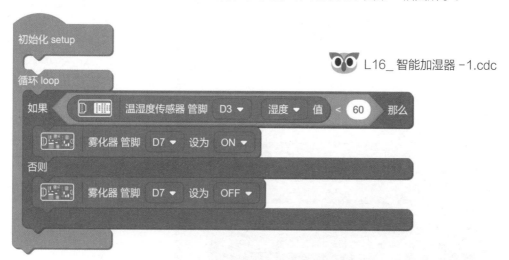

L16_ 智能加湿器 –1.cdc

▶ 步骤 3：使用 Codecraft 的"气象站"扩展，展示温度、湿度和气压值

修改程序如下图所示，使用 Codecraft 的"气象站"扩展，展示温度、湿度和气压值。如何添加"气象站"扩展，可以复习第 12 课。

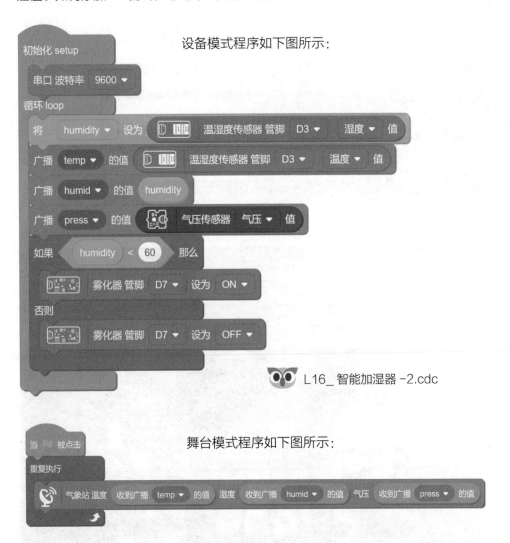

设备模式程序如下图所示：

L16_ 智能加湿器 -2.cdc

舞台模式程序如下图所示：

► **步骤 4：上传程序并开启"气象站"**

完成编程后，遵循以下步骤运行：

1. 使用 USB 线连接入门套件和计算机。
2. 在 Codecraft 的设备模式下上传程序。
3. 在 Codecraft 的设备模式下连接设备。
4. 在 Codecraft 的舞台模式下运行程序。
5. 在 Codecraft 的舞台模式下，打开气象站窗口，展示内容如下图所示。

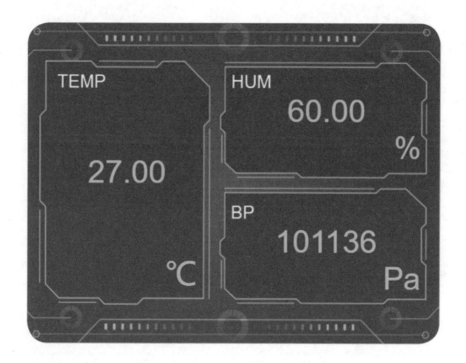

对智能加湿器进行改造升级：

● 使用旋转式电位器控制加湿器激活阈值
● 使用按键模块打开 / 关闭系统
● 在 OLED 显示屏上显示湿度值

第 17 课

扩展项目 2：可转头的遥控电风扇

　　这节课将尝试建造一个日常生活中能经常看到或使用的设备——可转头的遥控电风扇，这些电风扇还配有遥控器，让用户随手对电风扇实施控制。这个项目将使用入门套件和扩展套件里的电机、舵机与遥控器，重要的是，你将在这节课里学会如何控制带动力的设备及实施遥控。

电风扇

风扇是一种古老的发明，很难求证人们从什么时候开始挥动手或手中的物品让自己感觉凉爽。随着实用蒸汽机的出现，将风扇用于通风的第一个实际应用才出现在 1882 年至 1886 年之间。舒勒·惠勒（Schuyler Wheeler）发明了电风扇。

背景知识

电风扇由电机旋转驱动风扇叶片。风扇的旋转产生气流，虽然人们用电风扇来纳凉，但电风扇并不能冷却空气（可能还会由于电动机工作稍微加热空气）。由于风会加快人体表面的汗液蒸发，风还能够将人体周围由于汗液蒸发导致的湿度较大的空气带走，风还可以将人体周围由于辐射导致的温度较高的空气吹开，于是在综合作用下对人体起到了降温的作用。

舒勒·惠勒

电动机

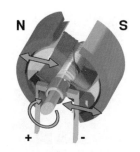

电动机是电风扇的核心部件，电动机又称马达或电动马达，如右图所示，通常由固定不动的"定子"和通电后转动的"转子"组成，它可以将电能转化为"转子"转动的机械能，并且可以再利用"转子"来驱动其他装置。

1820 年，物理学家奥斯特发现，放置在通电导线下方的小磁针，在导线通电时会发生偏转，说明通电导线周围存在磁场，这称为电流的磁效应。实验如右图所示。科学家进一步研究发现，这一过程中如果固定磁性较强的小磁针不动，给轻质导线通电后，也能够看到导线的运动，即通电导线自身也会在磁场中受到力的作用，电动机正是利用这一原理工作的。

电池

导线

木制导线夹

磁针

如左下图所示，导线线框放置在磁体周围的磁场中，通电后线框受到作用力的方向如箭头所示，线框便发生转动。为了能够让线框持续转动，需要给线框安装换向器和电刷，从而使"转子"能够连续转动，将电能转换成机械能。

电路接通

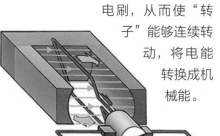

电动机在现代社会应用广泛，已经成为现代文明社会动力的主要驱动设备，从玩具、日常家电、交通工具，到工业、农业等领域，几乎所有需要动力的地方，都能看到电机在工作。

扩展包中的 Grove 迷你风扇

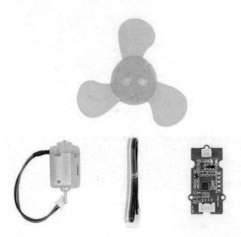

扩展包的迷你风扇由直流电动机、直流电动机驱动器、软质叶片风扇和 Grove 连接线组成，如左图所示。

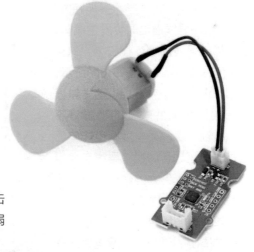

将它们组装起来，如右图所示。

在 Codecraft 的积木分类区单击"Grove 数字"标签，可以找到迷你风扇模块的积木，如下图所示。

扩展包中的舵机

让电风扇能够左右摇头的是舵机。舵机是一种位置(角度)伺服的驱动器,适用于那些需要角度不断变化并可以保持的控制系统。它们看上去与电动机有点像,但电动机只能控制转动方向和速度,舵机更擅长控制转动角度。

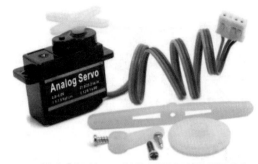

在 Codecraft 的积木分类区单击"Grove 数字"标签,可以找到舵机控制的积木,如下图所示。

拓展包中的 Grove - IR 红外接收器与遥控器

Grove - IR 红外接收器用于接收红外信号,也用于远程控制监测。红外接收器上有一个 IR 探测器,用于获得红外发射器发出的红外线。接收器内部有一个解调器,用于寻找 38 kHz 的信号。红外接收器可以很好地接收 10m 范围内的信号。红外接收器在本项目中将与遥控器配合使用。二者的外观如右图所示。

在 Codecraft 中添加用于红外接收器的积木，需要先添加"智慧城市"的扩展，如下图所示。

❶ 在"设备"模式下，在积木分类区的最下方，可以看到"扩展"按钮。

❷ 单击"扩展"按钮，弹出"扩展中心"窗口。

❸ 在"扩展中心"对话框，单击"智慧城市"选项下的"添加"按钮。

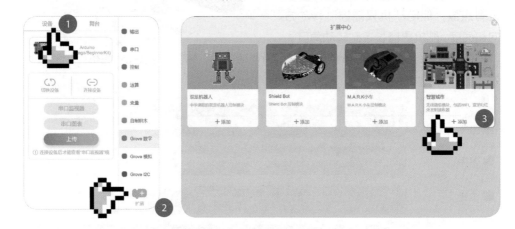

添加后，可以在"智慧城市"的积木分类区里找到有关红外发射模块发送和接收（获取）的积木。

综合项目：摇头电风扇

结构搭建

　　为了便于展示，我们为摇头电风扇设计了适合的结构，可以扫描封底二维码下载适于激光切割机的 dfx 文件：**Grove Beginner Kit 项目（电风扇）.dxf**。

　　切割后简单拼接组装即可，最终完成的设备外观如下图所示。

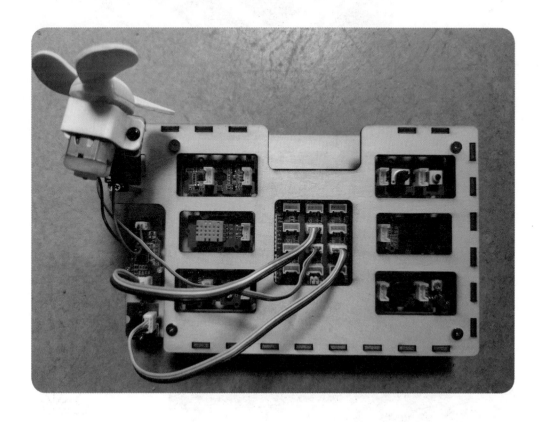

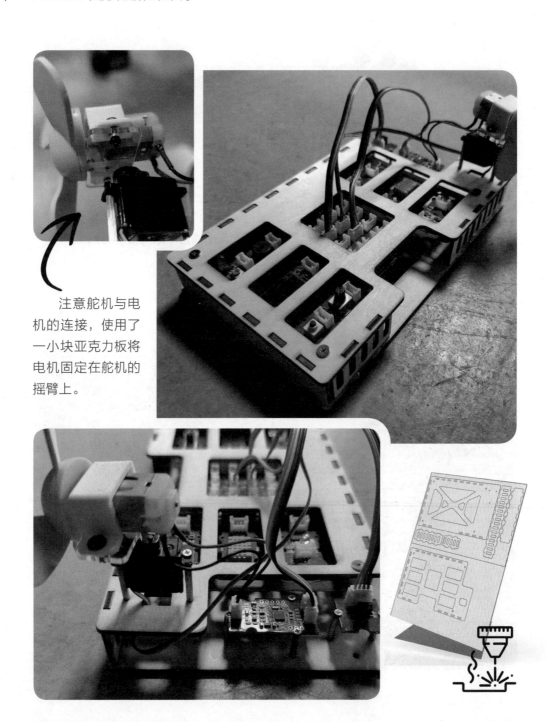

注意舵机与电机的连接，使用了一小块亚克力板将电机固定在舵机的摇臂上。

硬件设备连接

本项目所需的硬件设备包括：

- 入门套件。
- Grove 红外接收器，连接入门套件的 D2 管脚。
- 舵机，连接入门套件的 D6 管脚。
- Grove 迷你风扇，将直流电动机驱动器连接到入门套件的 D7 管脚。

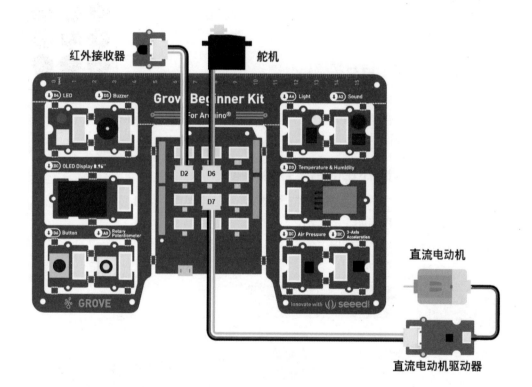

需要通过编程实现的功能如下：

使用遥控器的**播放 / 暂停**按键，
控制开启电风扇和关闭电风扇。

使用遥控器的音量增加按键，增
加风扇转动幅度 5 度；使用音量
减小按键，减小风扇转动幅度 5 度。

▶ **步骤 1：新建项目及初始化**

在 Codecraft 创建新的 Arduino Uno/Mega 程序，并命名
项目名称为"可转头的遥控电风扇"。向工作区拖曳初始化与循环积木。

▶ **步骤 2：实现电风扇的基本开关功能**

实现基本的电风扇控制：让电风扇开启 1 秒，再关闭 1 秒。
程序如左图所示。

将程序上传到入门套件，测试风扇是否正常工作，如下图所示。

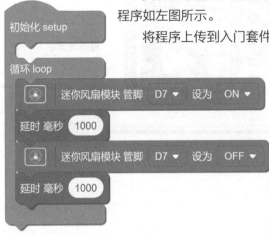

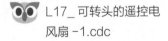

L17_ 可转头的遥控电
风扇 -1.cdc

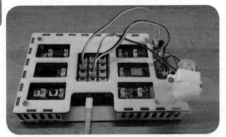

▶ **步骤 3：获取遥控器按键的返回值**

如右图所示，遥控器上分布着 21 个按键，每按下一个按键，遥控器就根据协议用红外线发送出一串数字。在使用遥控器编程之前，我们需要先知道遥控器发送的是什么数字，这样就可以使用这个数字，来确定用户究竟按了哪个按键。

可以通过左图这个程序，利用串口来获取遥控器的数字。

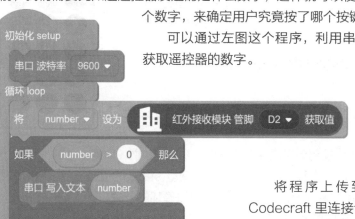

🦉 L17- 获取遥控器按键数值 .cdc

将程序上传到入门套件，然后在 Codecraft 里连接设备，打开串口监视器，按下遥控器的播放/暂停按键，可以在串口监视器看到一个数字。将数值记下，并标注。然后再按下音量增加和音量降低按键，共获得 3 个数字，如下图所示。

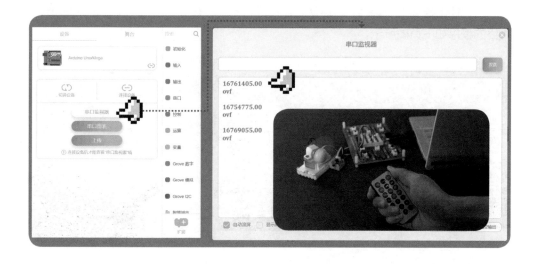

有了这 3 个数字，我们可以继续下一
步编程。

播放 / 暂停 **16761405**

VOL- **16769055**
VOL+ **16754775**

► 步骤 4：添加遥控控制电风扇的程序

程序的基本逻辑如下：

● 添加变量 state 用作控制电风扇的开关，state = 1 开启电风
  扇，否则关闭。

● 添加 angle 变量 用作控制电风扇摇头的角度，初始默认为 90 度。

● 如果红外接收模块 获取值为 16761405，就让变量 state 的值加 1；如果 state
  值为 2，就将 state 重置为 0，以此构成一个可以循环的开关。

● 如果红外接收模块 获取值为 16754775，就让变量 angle 增加 30。

● 如果红外接收模块 获取值为 16769055，就让变量 angle 减少 30。

● 如果变量 angle 大于 180，就保持 180 不变。

● 如果变量 angle 小于 0，就保持 0 不变。

● 舵机根据变量 angle 的值转动到指定角度。

将程序上传到入门套件，然后使用遥控进行测试：开关、左右转头，如下图所示。
最终的程序如下页图所示。

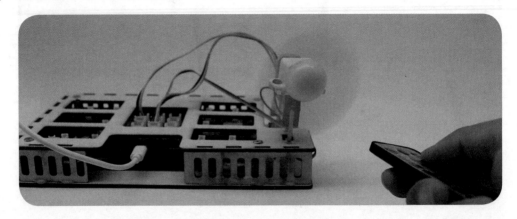

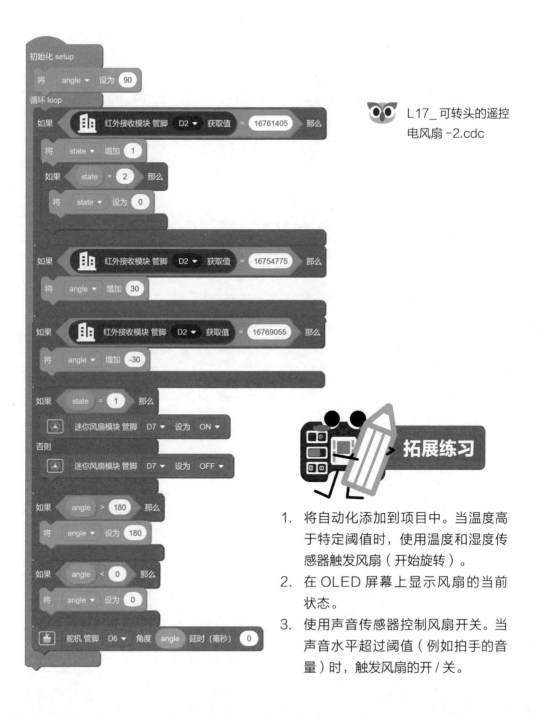

L17_ 可转头的遥控
电风扇 -2.cdc

拓展练习

1. 将自动化添加到项目中。当温度高于特定阈值时，使用温度和湿度传感器触发风扇（开始旋转）。

2. 在 OLED 屏幕上显示风扇的当前状态。

3. 使用声音传感器控制风扇开关。当声音水平超过阈值（例如拍手的音量）时，触发风扇的开 / 关。

第 18 课

扩展项目 3：自动报警宝箱

作为本书的最后一个扩展项目，是时候做点简单实用的东西了。本课将指导你做一个木制宝箱，该设备可以妥善保管你的宝贝。宝箱内置入门套件和一个迷你红外运动传感器，这个传感器检测到宝箱盖子运动后，就会触发 LED 和蜂鸣器。

红外线

背景知识

第 1 课介绍光的知识时，给大家展示过下图。频率比可见光的红光更低、波长比可见光的红光更长的一段便是"红外线"。高于绝对零度（即 -273.15℃ ）的物质都可以辐射红外线，而物体的温度不可能达到绝对零度，因此任何物体都能够辐射红外线，现代物理学称之为热射线。尽管看不到红外线，但还是可以感觉到——就像热量一样，物体越热，发射的红外线越多。

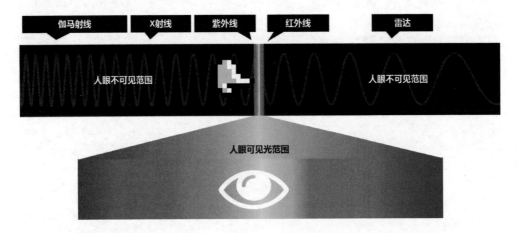

如右下图所示，是一条狗的红外图像。你会看到嘴和眼睛最亮，意味着这些部分是较热的部分，而鼻子因为湿润而且散热充分，显得更黑。哺乳动物能够调节体温并将其保持在恒定水平，因此其红外线的辐射强度分布也较为固定。

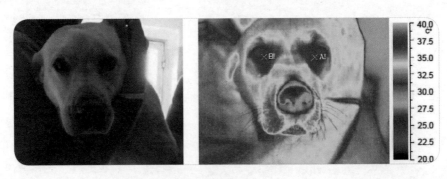

利用物体自身辐射出的红外线探测物体，这便是无源红外传感器。由于传感器自己并不需要发射任何光线和能量，因此称为无源红外（PIR）。但它能够更清楚地"看到"高于或低于环境温度的物体。这些设备可以通过拾取红外辐射来检测物体、人或动物。例如，当人经过前方的背景（例如墙壁）时，传感器视场中该点的温度将从室温变化至体温，然后再次返回室温。传感器将获取的红外辐射的最终变化转换为输出电压的变化，从而触发检测。当环境温度接近人体温度时，会导致灵敏度下降。这么棒的传感器，在我们的教育扩展包里就有一个！

扩展包中的 Grove 迷你无源红外运动传感器

扩展包里提供了一个 Grove 迷你无源红外运动传感器，如右图所示。

在 Codecraft 的积木分类区单击"Grove 数字"标签，可以找到该传感器对应的积木，如下图所示。

综合项目：自动报警宝箱

结构搭建

为了便于展示，我们为宝箱设计了适合的结构，可以扫描封底二维码下载适于激光切割机的 dfx 文件：**Grove Beginner Kit 项目（宝箱）.dxf**。

切割后简单拼接组装即可，最终完成的设备外观如下图所示，宝箱带一个可以开合的盖子。迷你无源运动传感器使用立柱固定在气压传感器的上方。

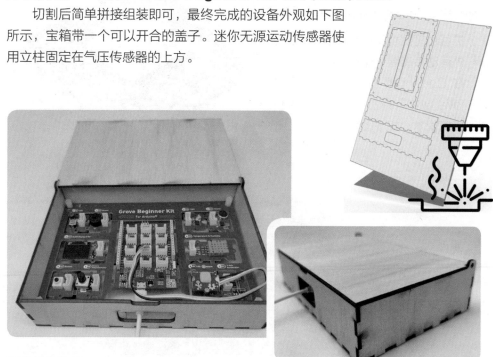

硬件设备连接

本项目所需的硬件设备包括：

● 入门套件。

● Grove 迷你无源红外运动传感器，连接入门套件上的 **D7** 管脚。

设备连接如下页图所示。

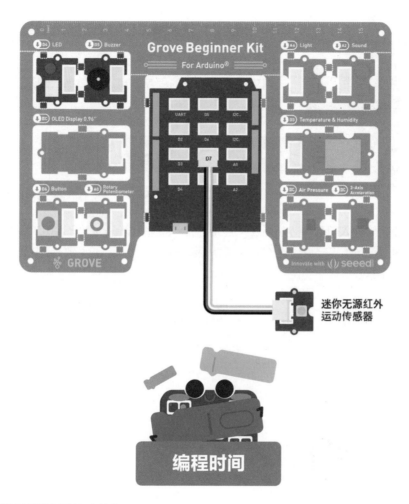

迷你无源红外
运动传感器

需要通过编程实现的功能如下：

● 程序判断传感器检测到动作，就让 LED 灯闪烁，并让蜂鸣器发声。

● 如果没有检测到动作，就让 LED 灯和蜂鸣器关闭。

▶ 步骤 1：新建项目及初始化

在 Codecraft 创建新的 Arduino Uno/Mega/BeginnerKit 程序，并命名项目名称为"自动报警宝箱"。向工作区拖曳初始化与循环积木。

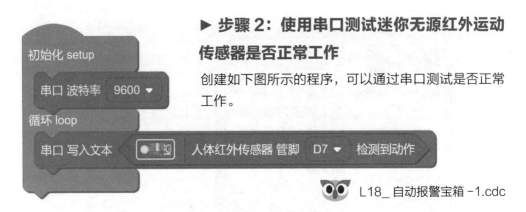

▶ 步骤 2：使用串口测试迷你无源红外运动传感器是否正常工作

创建如下图所示的程序，可以通过串口测试是否正常工作。

L18_ 自动报警宝箱 -1.cdc

将程序上传到入门套件，然后在 Codecraft 里连接设备，打开"串口监视器"窗口，如下图所示当手轻轻滑过迷你无源红外运动传感器时，串口的读数会由 0 变成 1。传感器工作正常。

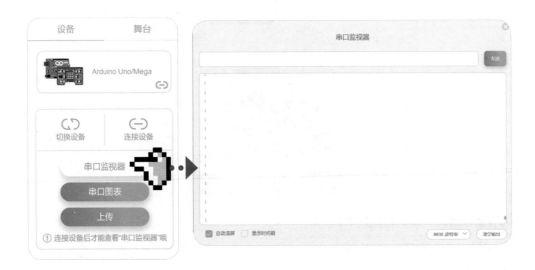

▶ 步骤 3：完成报警程序

在测试了运动传感器并确保其正常工作之后，编写程序，以提醒我们有人打开了保险箱。程序将检查运动传感器是否检测到运动，如果是，将开始闪烁 LED 灯并用蜂鸣器发出声音。如果否，将关闭 LED 灯和蜂鸣器。最终程序如下页图所示。

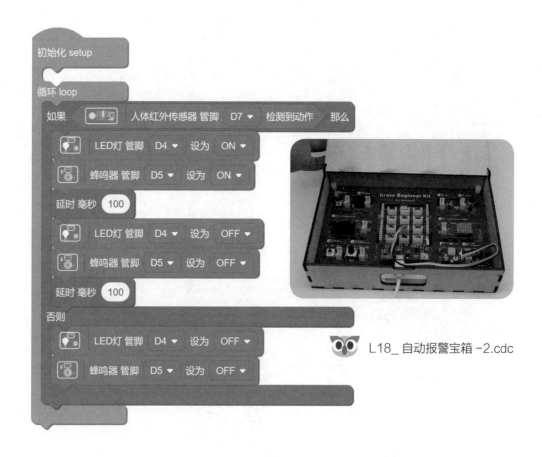

L18_ 自动报警宝箱 -2.cdc

拓展练习

1. 使用按键打开或关闭警报（手动警报控制）。
2. 在触发运动传感器之后增加延迟，在此期间用户可以通过按下按键关闭警报。

MAKER

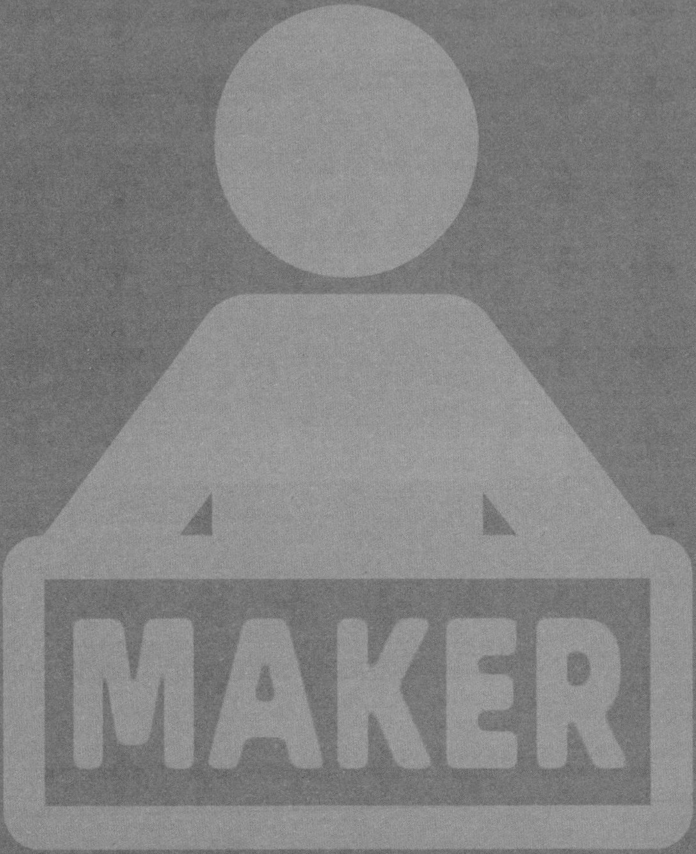

第 19 课

扩展项目 4：超声波测距传感器应用

有了前面的知识积累，现在是自己创作的时间了。教育扩展包里还有一个超声波测距传感器模块，你可以使用这个模块，进行踏上创客之路的第一次实践。

超声波

背景知识

在第 9 课中我们了解到声音是由发声体振动产生的，发声体的振动会带动发声体周围的介质一起振动，就像水面上的水波一样，我们称之为声波。人耳听到声音，实质上是声波传播到人耳引起的了人的听觉。发声体的振动快慢不同，产生的声音也不同，发声体振动越快，发出声音的音调越高，即通常所说的声音越尖锐。振动的快慢称为频率，单位为赫兹（Hz），1Hz 代表 1 秒振动 1 次。通常人耳可以听到的声音频率为 20Hz~20kHz，超出此频率范围的声音不能引起听觉。一般将频率在 20Hz 以下的声音称为次声波，频率在 20kHz 以上的声音称为超声波，人说话的声音频率约为 100Hz~8kHz。

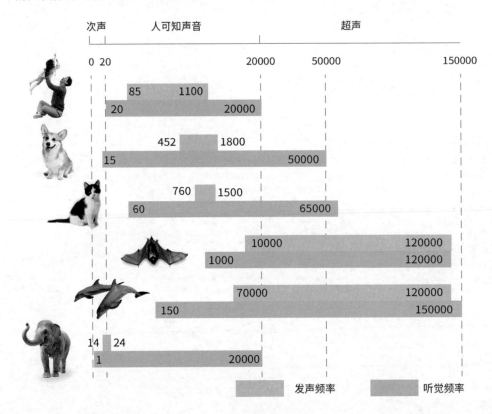

声速

声音传播的速度与介质的种类有关，通常而言，声音在固体中的传播速度较大，在气体中的传播速度较小，比如声音在铁中的传播速度约为4500m/s，在空气（0℃）中的传播速度约为330m/s。

此外，声音的传播速度还与介质温度有关，一般同种介质温度越高，声音的传播速度越快，比如声音在15℃的空气中传播速度约为340m/s，在100℃的空气中的传播速度约为386m/s。如下表所示。

在空气中		在气、固、液体中（0℃）		在150℃空气中	
温度 /℃	声速 /m·s⁻¹	介质	声速 /m·s⁻¹	频率 /Hz	声速 /m·s⁻¹
0	330	氧气	316	2000	340
15	340	水	1450	1000	340
30	349	冰	3160	500	340
100	386	铁	4900~5000	256	340

回声定位

声音以声波的形式传播。假如声波在空气中传播时遇到了障碍物，一部分声波将在障碍物的表面发生反射（另一部分声波会穿过障碍物）。从声源发出的声音到达障碍物，被反射后回到声源，如果能测量出这个过程所用的时间，就可以计算声源与障碍物之间的距离：距离 =0.5× 声速 × 时间。

在大自然中，蝙蝠和海豚会发出超声波，这些声波碰到猎物或障碍物会反射回来，蝙蝠和海豚就根据回声到来的方位和时间，确定猎物或障碍物的位置（如右侧前两幅图所示），从而轻松追捕猎物或避开障碍物，这种方法叫回声定位。超声波测距传感器也是根据回声定位原理制成的（如右侧第三幅图所示）。

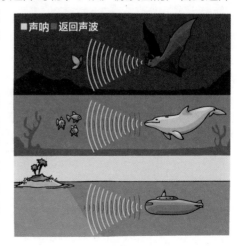

■声呐■返回声波

传统水下探测船的声呐装置的工作原理也是如此，声呐发出脉冲声波，这些声波一旦撞击到物体，一部分声波就会返回传感器，传感器就会得到物体速度和位置的数据。如右图所示，HIDROLAB 通过持续的声呐扫描，配合先进数字 CHIRP 声学技术生成精度和分辨率较高的海床图像。

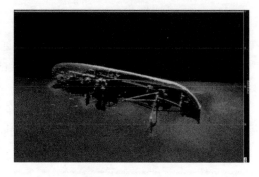

有了前面的知识积累，现在是自己创作的时间了。教育扩展包里还有一个超声波测距传感器，你可以使用它开始踏上创客之路的第一次实践。

扩展包中的 Grove - 超声波测距传感器

Grove - 超声波测距传感器是一种非接触式距离测量模块，工作在 40kHz，适用于需要对中等距离进行测量的项目（如右图所示）。测量范围大致在 2~350cm，精度约 1cm。在 Codecraft 的积木分类区单击"Grove 数字"栏，可以找到超声波测距传感器的积木，如右下图所示。

想想，能用超声波测距传感器做什么呢？

如果你想重新回顾一下电子产品原型的开发过程，可以再看看 15 课。要成为一名合格的创客，唯一的途径就是立即动手，做，不停地做，不停地创造……

参考创客项目创作框架

1. 发现并明确要解决的问题: _____

2. 需求分析和产品定义: _____

3. 硬件选型和搭建:

功能需求	硬件产品	功能介绍

4. 软件开发和功能实现

5. 原型测试和优化

03 章

踏进未知领域

　　在完成前面 19 节课的学习后，你所掌握的知识可以让你作为一个创客，进入自由创作的未知领域了。为此，我们联络了不同领域的创客，请他们讲述各自激动人心的创客故事。

- 个人创客"好奇吖斌"分享小汪变色夜灯的整个制作过程。
- 深圳实验学校高中部刘焱锋老师，讲述他指导的"官龙梦客"学生战队，勇夺深圳市首届中学生创客马拉松比赛第一名的故事。
- 宇树科技则分享王兴兴是如何从最初的 XDog 机器狗一路改进，用机器小牛"犇犇"登上 2021 年春晚舞台的幕后故事。
- 肯繁科技的余运波先生，讲述他如何从一个机械外骨骼领域的门外汉，历经 6 年磨炼，带团队做出性能卓越的轻便机械外骨骼的故事。
- 李荣仲博士讲述他如何创作 Bittle 仿生开源机器狗的故事。

　　希望通过这些资深"创客"创作经历的分享，让读者在进入未知领域后，能被他们的热情与执着所激励，创作更多美好事物。

邓斌华（好奇吖斌）

柴火创客空间认证会员，创客教师，从小爱好动手制作和分享作品，活跃于各大创客社区，部分作品文章在《无线电》杂志上刊登，2018 年参加极战 MechBattle 甲虫级格斗机器人，获全国八强，同年受邀参加淘宝造物节，在广州带领学生参与各大中小学青少年科技创新大赛、电视创客大赛，多次荣获省市级奖项。

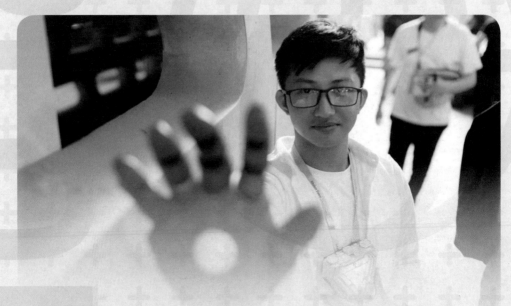

怀有一颗好奇的心，对电子科技相关的技术感兴趣的普通人。

目前在学 C、C++、Java、Web 前后端、Arduino 单片机、Solidwork 三维设计、3D 打印技术……

爱动手做小东西，热爱开源分享交流。

平时脑洞大开，想象自己有八条腿走路特别快，话说我正在研究如何张开眼睛睡觉……

邓斌华 小汪变色夜灯的创作分享

　　最近的我在沉迷造灯，有激光切割机，学习了新技能，当然要运用起来啦。我用单面磨砂亚克力 +3D 打印的底座做了右边那个小汪夜灯，晚上看起来还挺可爱的。就在我做好外观结构的时候，拿到了一套 Arduino Grove 入门套件，刚好可以把夜灯进行一番升级改进。

　　我们先来看看面向开源硬件入门用户的 Grove Beginner Kit for Arduino 长什么样吧，如右图所示。

1. 基于 Arduino Uno 板，改进增加防反接插口，Grove 接口使用起来超级方便，无须区分线序，不用担心接反线烧板，是值得点赞的。

2. 采用实验板拼版的方式，入门实验的时候无须拆下，编程的时候使用上面编号的引脚即可，做项目的时候就可以拆下来。

3. 兼容 Mixly 图形化编程，可以更方便入门使用，但部分模块不兼容，可作为进阶学习内容。

4. 推荐对硬件入门、创客教育教学、新媒体艺术家、电子专业的大学生和广大创客入门的爱好者使用。

改进后的小汪夜灯

　　我用这个套件改进了之前的夜灯，这个夜灯制作组装十分简单，算是我做的最快的作品了，之前接线都比较费劲，这次主板上和模块上都有防反插接头，接线时对应好引脚用 Grove 线接上去就可以了，完全不用考虑电源接线和供电的问题，对初学者非常友好，免去了电路的困扰，编程→接线→测试→组装大概就这么几步，其主要功能就是智能光控亮灭灯，用非接触手势切换灯光颜色。

零件清单（电子模块基于 Grove Beginner Kit for Arduino）

Arduino uno × 1

RGB LED 模块 × 1

巡线模块 × 1

光线传感器模块 × 1

Grove 连接线 × 3

4cm 尼龙柱 × 1

3D 打印件（上、下底板，灯罩）× 3

M2×4 螺丝 × 3

M3×4 螺丝 × 8

代码十分简单，首先光线传感器会检测环境亮度，如果小于设定的阈值，就会执行亮灯的模式，否则就灭灯；亮灯模式利用巡线模块检测人手靠近，程序里计数加 1 改变灯的模式，到了最后的那个模式计数归 0，然后重新计数实现循环切换灯模式，里面有 4 个不同的模式：淡红、淡绿、淡蓝、七彩循环变色然后停在淡黄。

安装步骤

1. 主板安装上底座，四周拧上螺丝

2. 把尼龙六角柱安装到四周的螺丝上

3. 把 RGB 灯用螺丝固定到上盖板上

4. 把巡线模块安装到上盖板右边，光线传感器安装到下方

5. 接线，A0 接到光线传感器，D7、D8 接到 RGB 灯，D6 接到巡线模块

6. 拧上盖板四周螺丝

7. 安装上灯罩，完成

访问以下链接查看原文及获取源程序：
http://www.haoqiabin.cn/2020/07/06/ightlamp/

刘焱锋

深圳实验学校高中部
创客教育教师

　　2015 年 9 月，高一（1）班的一节信息技术课结束后，两位小男生走到我面前，他们说："老师，我们想成立一个科技社团，整合同学们的技术特长，动手完成创意的科技作品。"我思忖片刻，这不正是时下流行的创客活动吗？于是，在学生的自身发展的需求中，我走进了创客教育。

　　做任何事情都没有一帆风顺的坦途，开展创客教育也不可避免地会走一些弯路。当 3D 打印、开源硬件、机器人、无人机、VR 等新鲜又好玩的技术载体出现时，关注力就更多的集聚到了技术本身。而学生的创新意识、学科融合、团队协作等能力并没有得到有效发展和提升，学生学会的是使用技术手段解决问题，但没有形成观察生活、发现问题、提出问题的思维习惯。之后，经过一系列的调研、讨论，与一些科技企业合作改进课程，设计学科融合的内容，使用项目学习的方式，提升学生工程思维、设计能力。

　　学生的进步也越来越明显。在深圳市首届中学生创客马拉松比赛中，四名学生组成的创客小组在两天一夜的时间内，以"爱与梦想"为主题进行创意制作。实验高中部的四名队员，构思了一个能促进人与人之间真诚沟通的"真心电话亭"项目，大家各展所长，从硬件编程到结构设计，再到总结展演，沉浸在动手实践中的孩子们最晚忙碌到凌晨 4 点才睡觉。他们也凭借着作品中的人文关爱、艺术造型、技术难度、创意展演等多方面的突出表现，顺利得到全市第一的成绩。这也让我更加坚定，创客教育核心不在于技术本身，而应该是通过项目实践激发学生内在的创造潜能；创新不是一蹴而就的，而是在长期的迭代精进中形成的思维习惯。

刘焱锋 深圳实验学校高中部

2021 年 4 月

刘焱锋 我和同学们的创客教育故事

麦晋源

深圳实验学校高中部
高二（2）班

报道：深圳实验学校高中部"官龙梦客"战队勇夺深圳市首届中学生创客马拉松比赛第一名

2017 年 11 月 18 日的早晨，正当高中部的老师、同学们热烈迎接"教学开放日"之时，一支由四位同学（彭浩然、刘臣轩、麦晋源、翟梦初）及一位指导老师（刘焱锋）组成的创客小组，已悄然抵达深圳市第二高级中学，准备参加深圳市首届中学生创客马拉松比赛。此次比赛历时两天一夜，同学们需熟练运用各项技能、大胆创新，开展"从 0 到 1"的项目制作过程，并为自己的项目举行 10 分钟的路演，不仅如此，同学们还需齐心协力，进行团队文化的建设。可以说，这是一场综合了技术、创新与人文的比赛。

本次比赛的主题是"爱与梦想"，参赛团队需从"爱""梦想""爱与梦想"三个角度任选其一，展开项目的策划与制作。在比赛开始之初的"头脑风暴"环节，高中部的四位队员脑洞大开，不断提出新颖的观点，并最终确定了项目的名称——"真心电话亭"。在随后的团队文化建设当中，同学们积极提议，出谋献策，化用"Dreamer"和"Maker"得到"梦客"一词，并冠以"官龙"之名，体现了同学们"以梦为马，创意无涯"的追求。

技术实现

Arduino 平台：

- Microsoft Visual Studio Community 2015w / Visual Micro 作为开发平台
- Arduino Nano 作为主控器
- RFID-522 射频模块实现读卡功能
- HC-05 蓝牙模块将校卡数据传递给 Android

Android 平台：

- MIT App Inventor 作为开发平台
- 小米 5 作为实现设备

结构设计：

- CorelDraw X7 作为设计平台
- 激光切割制作结构主体
- Sennheiser 耳机作为电话听筒

制作项目的过程更是艰辛无比，同学们不仅要克服技术上的重重困难，还要想方设法弥补硬件方面的不足，虽然主办方为了学生身体健康于晚上 8 点暂停了比赛，几位队员回家后依然废寝忘食，编程序、写代码、绘制工程图……正如路演时一位评委老师所说："他们（'官龙梦客'战队）充分体现了什么是创客精神。"

11 月 19 日下午的路演过程中，尽管发生了一点意外导致作品不能完全演示，同学们依然处变不惊地完成了项目的介绍，勇敢自信地回答了评委的提问，充分体现了实验学子优良的心理素质，最终以总分第一的成绩获得一等奖也是实至名归。

善于思考、敢于创新，将不可能变为可能，希望参赛同学能将创客的精神发扬光大，并在今后的学习中取得更加优异的成绩。

彭浩然
深圳实验学校高中部
高二（2）班

爱在沟通

生活中，无论是长幼之爱、师生之爱、同窗之爱抑或男女之爱，我们无时无刻不享受着它们的滋润。但是，我们却也常常为爱所困扰。无论是家庭纠纷、师生矛盾、好友闹别扭抑或是爱情受挫。其实，只要双方愿意真诚地交流，爱就能长久维系。可我们总有些时候放不下面子，担心对方不会接受自己，殊不知大多时候对方亦是如此。由此陷入双方都想沟通却没能真正促膝长谈的僵局，实为尴尬。

而这次，我们四人参加创客马拉松，不但完整地制作出了一个能有效促进人与人之间真诚沟通的"真心电话亭"，我们参赛的经历更让我们深刻地意识到，爱在沟通。

比赛开始的前一天，我们四人在晚自习的走廊上相互认识，交流自己擅长什么。我擅长 Arduino，刘臣轩擅长 AppInventor，翟梦初擅长机械结构，麦晋源则擅长写文案和激光切割。晚自习的铃声已经响起，焦锐男老师从远处的走廊走来，我们各自回到了教室。

比赛的第一天早上，组织方公布了题目：在"爱""梦想"和"爱与梦想"中三选一，完成一个创客作品。刚开始看到这个题目，我们感到莫名其妙——这明显是一个文科老师出的题，又如何能转化为一个实实在在的创客作品呢？

赶回高中部上公开课的刘焱锋老师不忘把他对于题目的见解发给我们——可以从古今中外的爱情悲剧入手，思考如何避免悲剧。我忽然有了一个主意。古今中外的悲剧，无论是爱情亲情抑或其他，通常都是由于人与人之间产生了隔阂，不愿沟通而产生的。如果我们能制作一个类似于"悄悄话"的系统，只有当双方都刷校卡登录同一个系统给对方留言后，双方才能看到对方的消息，这样就可以消除人们对于倾诉的顾虑，因而消除很多不必要的悲剧。就这样，

我们把项目命名为"真心电话亭"，英文名为 TruthHub，开始着手制作。

我们打算用 Arduino 平台实现刷校卡登录，登录后用 Android App 实现录音留言、留言匹配和留言重放等功能。于是我们各司其职，刘臣轩登录 AppInventor 的网站编写 Android App，麦晋源开始绘制项目宣传海报，翟梦初记录项目进度以准备每一阶段评委的检查，我则迅速用 Arduino 实现了校卡的识别。

但现在问题来了，Arduino 可以轻易地知道刷的是谁的校卡，但 Android 上的 App 并不知道。因此，我需要找到一种方式，能让 Arduino 与 Android 沟通信息。我想到了蓝牙。我可以把一个蓝牙模块连接到 Arduino 上，与 Android 配对，这样就可以实现两个平台间的沟通。但是，制作现场似乎并没有提供足够的蓝牙模块，以至于剩下的几种蓝牙模块都比较难使用。

最开始我找到了 MakeMaker 公司的一对蓝牙收发模块，发现它可以像一根隐形的串行线一样，在两个模块之间交换信息。但让我沮丧的是，一个模块可以连接到 Arduino，另一个模块却只能连到计算机上，没有办法连接到手机上。我折腾了整整一个上午，试图让能连接到 Arduino 的蓝牙模块与手机配对，发射能与 Android 沟通的信号，但这一切都是徒劳——它只和那一个我并

不能用的模块交换信息,绝不跟外界沟通。

我后来找到了一个美科公司为 mCookie 封装的蓝牙模块。一个小小的积木状的模块,几乎看不到什么接口,据说只有用同样一家公司的主控器才能操作。"放弃吧,"旁边的工作人员说,"我也没弄懂这个东西的引脚是怎么分布的。"看来,这个模块并不是很乐意跟其他平台沟通。

午饭过后,我在网上找到一个叫作 HC-05 的蓝牙模块,国外有牛人早在 2013 年就用这个模块做过 Arduino 和 Android 沟通的项目了,名字就是两个单词的合体,叫"ArduDroid"。但要去找这个模块实属不易,我只能继续翻手边的材料。

下午,刘焱锋老师拿来了一个 MakeBlock 机器人专用的蓝牙模块,虽然也经过封装,但起码引脚还标得清楚。我把它接在 Arduino 上,用 Android 给它发送信号,兴奋地发现 Arduino 做出了反应。但是当我反过来用它给 Android 发送信号的时候,它却无动于衷了。后来,刘焱锋老师问清楚了 MakeBlock 公司的人——作为一个机器人,蓝牙模块通常只需要听手机的命令来操控行进就够了,不需要双向沟通。

心理老师刘蒙说过,单向沟通是假的沟通。看来,这回非得要找 HC-05 才行了。

晚饭后,刘焱锋老师自己开车,从二高到华强北,在网店仓库的员工们周六下班前的最后一个小时亲手拿到了 HC-05 模块,又从华强北回到二高,在 8 点之前赶回了比赛现场,把这个救命模块交给了我。

晚上回家后,我们四个一刻不停。我用 HC-05 建成了 Arduino 与 Android 间双向沟通的桥梁,麦晋源用 CorelDraw 制作了第二天激光切割机所需要用到的矢量图,翟梦初起草了我们路演要演出的舞台剧的剧本。最辛苦的是刘臣轩,他写 App 程序到凌晨 4 点才睡觉。

第二天早上,Arduino 刷卡登录系统和 Android App 在 HC-05 蓝牙模块的沟通下无缝对接,就像激光切割出的木板被 502 胶水整齐地黏合在了一起。翟梦初的剧本写完,麦晋源的 PPT 做好,我们已经准备好展示了。

一上台,我们就以舞台剧的形式展示了"真心电话亭"是如何解决一次(虚构的)师生冲突的。焦锐男老师和彭浩然同学由于作业问题而互不理睬,但其实双方都渴望和解,却说不出口。在彭浩然希望和心理老师刘蒙倾诉却发现他的预约已经排到了下个月的时候,他恰巧发现了学校里新建的"真心电话亭"。另一边,在焦锐男老师也在同样一个电话亭给彭浩然留下了谆谆教诲后,他们两人都惊喜地收到了对方的留言,矛盾烟消云散。麦晋源饰演的刘蒙老师在剧终时说:"如果所有人都能像这样沟通,悟言一室之内，那我这个心理老师的工作，岂不是轻松很多？"

舞台剧后，留给我们组介绍的时间已经不多了，我们快速地过掉了PPT，完成了答辩环节，开始欣赏其他学校的作品。

在对另一个学校科技小组的同学的提问中，一位评委说，创客马拉松有一个不成文的规定，那就是所有的作品要求开源——也就是把源代码全部公开，供有需要的人随意取用。

这让我想起了学校机房中每一张桌子上都摆着的意大利原装进口的Arduino Uno开发板，以及包装盒上饱含着意大利热情的那行字——"OPEN-SOURCE IS LOVE"（爱在开源），我想，这大概就是评委老师说的，我们团队所拥有的"创客精神"吧。

等待结果的时候，我和麦晋源在清幽的二高校园里漫步。从游戏谈到青春，从二高谈到井冈山，竹林边悠游自在的猫咪也陪着我们闲聊。回到礼堂门口，刘焱锋老师告诉我们，我们队拿了第一。

"不可能吧！"麦晋源说，"我觉得我们演示的时候很多功能都没有展示出来，而且最后上台之前还把盒子给摔断了，评委难道会记错吗？"

为什么呢？我也在思考。我们因为没有重视结构而从项目制作的一开始就被评委老师误以为进度很慢，直到路演前要交电子材料的时候，我们几乎是最后一个交的，为什么反而会这么为人所爱？

这时，我忽然想起了答辩的时候，评委老师向我提出的那个问题："如果是在一个智能手机尚未普的时代里，你们的电话亭就是一个非常好的创意。但是如今，智能手机已经推广，你们作品的功能完全可以用微信平台来实现，那你们把这个电话亭做出来的意义又在哪里呢？"

我不假思索地回答："的确是的，我们完全可以用微信平台来实现同样的功能，但是我们希望看到的是大家都来电话亭吐露心声，而不是一个人躲在角落里，偷偷地搓着自己的手机，生怕别人发现了自己的真心。

"我们希望大家看到人们排着长队来倾诉。

"我们希望大家看到原来需要倾诉的不仅是我一个。

"我们希望大家看到，原来愿意谈心、愿意交流的，不仅是我一个。

"我们希望大家看到，在经历了纷繁复杂的矛盾之后，依然愿意相互原谅、相互沟通，依然愿意爱的，

"不仅是，我一个。"

爱在开源

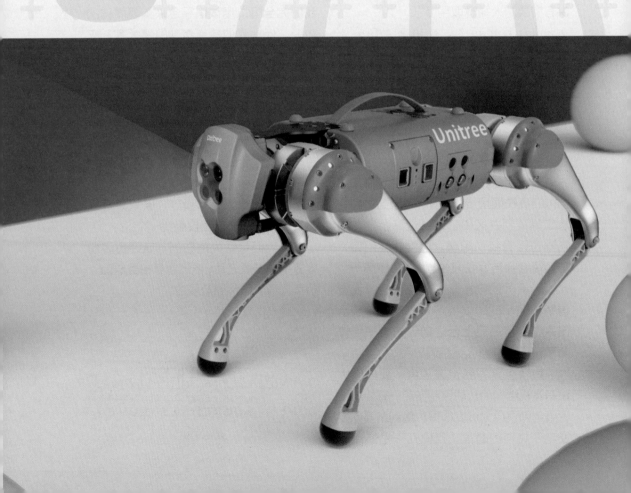

王兴兴

宇树科技的创始人王兴兴生于 1990 年，小时候就痴迷科技，喜欢玩手工类的绘画、雕塑，机电类的航模、电子电路、涡喷，化学类的充电电池等。尤其对电机有兴趣，比如小学时重新绕制四驱赛车的直流电机的绕组（可能是一时兴起拆了原来的绕线，然后拆下的线并联后重新绕制，发现电机的转速可以快很多……），小学或初中时用铁皮、漆包线和磁铁手工制作过一台直流电机。

王兴兴 执着于心
——从 XDog 到春晚机器小牛"犇犇"

波士顿动力的铁杆粉

　　2008 年 3 月 23 日，波士顿动力公司发布了新一代 BigDog（称为 AlphaDog，如右图所示）的视频片段。录像显示，BigDog 有能力在冰冷的地形上行走并从被侧踢时恢复平衡。而王兴兴也是实打实的波士顿动力的铁杆粉丝。但与许多科技爱好者不同的是，王兴兴更喜欢去琢磨，动手去做。

　　在浙江理工大学读大一时，王兴兴搞了个用廉价舵机做的双足机器人，对传统舵机的被控性能感到绝望，完全不适合用于机器人控制。后来看机器人的理论书籍，发现所有的理论控制基础，都是从力/力矩出发展开的。但实际用的机电系统，大多直接工作在位置环，比如步进电机、舵机、机床、工业机械臂。王兴兴初步萌发了搞个纯力矩源玩玩的想法。2013 年年初本科毕设完成了一个简单的 BLDC 控制器，但依旧不是很理想的力矩源。

　　王兴兴在学习了一段时间四足机器人现有公开成果后发现，用电机动力系统做出类似波士顿动力 BigDog 机器人的运动性能，还是有可能的。当时发现这个点后，他激动不已，认为这是中小型四足机器人发展的趋势，势不可挡，恨不得马上辍学去创业。

XDog

王兴兴真正进入四足机器人领域，是2013年开始在上海大学读研究生时，因为课题获得了国家自然科学基金的支持，在获得了导师的同意后，王兴兴把自己关在实验室里，开始潜心研究小型四足机器人——XDog。

王兴兴从能实现较好的控制效果的层面考虑，进一步想搞个纯力矩源，还尝试过使用硬件运放恒流电路，来实现对直流电机的恒电流（力矩）控制。但最终由于电刷换向等原因，还是不够理想，力矩也不够大。在此段时间，他发现了国外的无刷云台，意识到部分航模用的无刷电机也能够使用伺服电机的矢量控制（常规的伺服电机太过笨重，一直没考虑使用）。

然后，他就从淘宝陆续买了10款左右的不同航模用无刷电机，分别观测了各自的特性，比如：齿槽转矩、逆感应电动势等。当时出于扭矩密度大、齿槽转矩低、价格合适等层面考虑，选用了下图这款8108无刷电机（这款是公版

无刷电机，生产的厂家挺多，但品质有差异）。

选电机的过程中，王兴兴出于自己对

控制的需求（力控为主），以及成本/尺寸紧凑等因素的考虑，开始自己设计PMSM电机驱动器。

到了2014年，王兴兴发现采用大扭力内转子无刷电机（带减速器）的麻省理工"猎豹"机器人奔跑效果很不错，如下图所示。但由于那时的"猎豹"主打奔跑速度，几乎只有8个主要运动自由度，腿部侧摆关节使用的是Dynamixel舵机。

之后，就更让王兴兴坚定了用12个无刷电机直驱，来实现那时几乎只有波士顿动力的机器人才能实现的全向灵活运动能力。

经过3年专注不懈的努力，王兴

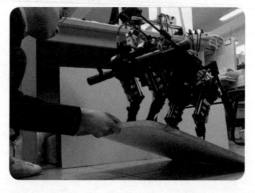

兴做出了第一台四足机器人的原型机 XDog，如下图所示。

实验条件简陋，王兴兴在看似一片混乱的实验室，用拆解的组合桌板搭建了各种边坡、路障环境，测试 XDog 的通过、平衡能力。

王兴兴对细节也有敏锐的察觉，他研究发现当时的四足机器人普遍使用球面足，内置力传感器。在柔软地面容易下陷，如果加大足的半径又不利于姿态修正，容易"失足"。经过一番研究改造后，他最终选用了橡胶球面足。

完成的 XDog 只有 7.2 千克，使用了 12 个完全相同的外转子 PMSM 电机作为动力系统，而且能做复杂地形机外部较大扰动下的对角步态行走运动，具有机械结构简单、低噪声、动态自平衡等优点。

2016 年 4 月中旬王兴兴毕业答辩后，4 月底离学校前赶时间做了一个 XDog 在复杂地形行走的视频集，并且放到了优酷网 和 YouTube 上，当时并没有多少点击量。到 6 月初 IEEE Spectrum 转发了他新公布的 XDog 视频，接着没过几天优酷上一个科技自频道也转发了这个视频，XDog 开始引起媒体的关注。

王兴兴："当时 XDog 在机器人圈子里火了一把，简单来说，如果有人愿意买我的机器人，也有人意向投资，我就辞职出来创业了。"

"莱卡狗"（Laikago）

2016 年王兴兴硕士毕业，进入大疆做研发工作，但他依旧心心念念四足机器人，感觉到这可能是一个机会。

于是两个月后辞去了稳定的工作，白手起家，四处找投资、找伙伴，不久就收到了北京的一位投资人的投资，并于 2016 年 8 月在杭州成立了宇树科技。

2017 年 9 月，王兴兴带领宇树科技的一群年轻的研发者，在 XDog 的基础上，从尺寸、体型、动力性能规划出发，按设计需求全新独立研发了电机、电动驱动及主控、整机机械结构以及全新重构的控制系统，打造了全新的四足机器人"莱卡狗"[1]（Laikago）。

最终发布的莱卡狗身长半米，如下图所示。站立高度为 0.6 米，重 22 千

---

[1] 莱卡（Laika）是人类第一个送入轨道的生物。1957 年 11 月，它在苏联的人造卫星 2 号任务中被发射升空。其尸体至今停留在地球轨道上，象征着"人类探索未知"的愿望。

克，最大负载 5 千克，可以折叠放进行李箱。老版本的续航时间约为 2~3 小时，后来出了 Pro 版本，续航时间约为 3~4 小时。就运动稳定性而言，该机器人可上下 20° 坡的草地，在有松软小石块地形上行走，且对于一定幅值内的外部冲击干扰具有自适应能力。

莱卡狗当时的价格定在 2~3 万美元，算是国内第一款能买到的量产化的机器大狗。2017 年 6 月波士顿动力被卖给软银后，在 2017 年年底也推出了可购买的 SpotMini，只是价格要贵得多。莱卡狗的诞生让王兴兴带领的宇树科技，真正站在了商业四足机器人的国际赛道上。

Aliengo

2018 年 6 月，宇树科技获得了来自极客公园旗下的变量资本以及安创中国的投资，在 2019 年年初，又获得了德讯投资的加持。获得了投资的宇树科技，准备再做一次大的技术升级，启动了 Aliengo 的研发，只用了一年的时间就完成了发布。后来 2020 年获得了红杉中国引领的投资，并于 2021 年再获得顺为的投资。

AlienGo 机身长约 60 厘米，重19~20 千克，采用了全新设计的动力系统，更轻量集成，关节线缆完全内置走线，关节集成过载保护，极大地延长

宇树科技的 Aliengo

了减速器的寿命。AlienGo 实测最快行走速度大于每秒 1.5 米。集成 VSLAM（视觉同步定位与地图构建），可以实时对地形和障碍物 3D 建图。更强的是，AlienGo 还集成人体 2D/3D 体感识别和手势识别，方便人机交互，比如自动跟随、人员行为预测等功能。

宇树科技的四足机器人的优良性能源于其强大的研发能力，目前公司有数十名员工且几乎全部是研发人员，在这种强劲的人才赋能的情况下，宇树科技在电机、减速器、传感器、控制器、控制算法及系统等方面均做了自律研发，并获得了大量的专利。Aliengo 发布后以 5 万美元左右的价格销售，开始让宇树科技在商业四足机器人领域站稳脚跟。

A1

2019 年，宇树科技开始了轻量级四足机器人 A1 的研发，推出后迅速走红。

轻量级四足机器人 A1

A1 机器狗使用的自研 A1 电机最大扭矩是 33.5 牛米，重量为 605 克，具备关节角加速度反馈，输出轴承采用大尺寸工业级交叉滚子轴承，几乎没有轴承损坏的可能。A1 机器狗包括电池在内重量为 12 千克（26.5 磅），站立时它的尺寸为 500 毫米长 ×300 毫米宽 ×400 毫米高。A1 让宇树科技进一步获得了这一领域的绝对优势，也将四足机器人产品的市场扩大到了更加广阔的 C 端市场，为机器人走进普通家庭奉上了一块敲门砖。

A1 相较 Aliengo 外形上更加小巧灵活、爆发力强，最大持续室外奔跑速度可达每秒 3.3 米。这个速度接近成人慢跑，可以作为跑步的伙伴，是国内目前速度最快、最稳定的中小型四足机器人。在提升性能的同时也降低了成本，价格降到了 1 万美元左右。

看到这里，相信读者们能理解，2021 年春晚上的"犇犇"们的精彩表现，始于 2013 年那个戴着眼镜文质彬彬的少年，在一片混乱的实验室角落里，开始摆弄一堆电机、电路板和程序……并在这 7 年多的时间，坚持不懈，倾尽全力地进行持续的迭代、优化和超越。

余运波
肯綮科技 CEO

余运波，男，1973 年出生，研究生学历。1990 年 9 月至 1994 年 7 月，就读于西北工业大学；1994 年 9 月至 1997 年 7 月，就读于华中科技大学。1997 年 7 月至 2000 年 7 月，任中兴通讯股份有限公司测试设备部项目经理；2000 年 7 月至 2015 年 1 月，任国民技术股份有限公司董事、副总经理；2015 年 3 月至今，任深圳市肯綮科技有限公司执行董事、总经理。

余运波 六年磨一剑
——肯綮科技的动力机械外骨骼

人生下半场的目标

我是2015年开始创建肯綮科技的，在这之前我对于机械动力外骨骼完全是个外行。

我本科在西北工业大学，研究生在华中科技大学，学的都是自动控制专业，但没想到毕业后会去做芯片。2000年到2015年，我都在国民技术（是中国信息安全IC设计领域的领军企业和国家级高新技术企业）做芯片，是公司的创始人之一，后来国民技术于2010年上市，才有了人生的第一桶金来创办现在这家公司。人生上半场自己觉得还是做了点事，在国民技术做了一些芯片，后来一些成为了国家标准。当时做安全芯片，没人知道这是什么东西，我们从0到1创造了这个概念和整个体系，把这套东西在中国建立起来。从我的角度来讲，算是做成了一件事。公司上市后，

就开始考虑自己出来做点自己想做的事。

我从小就有自己做个机器人的梦想。芯片做了那么多年，感觉芯片的本质就是处理信息，但它没法动。所以后来一直想做一个实实在在的、普适的、能深入千家万户又能动的产品。2014年前后了解到国外有外骨骼这类产品，可以增强人体力量，非常感兴趣；加之中国开始面临老龄化社会的到来，我考虑可以通过外骨骼帮助人类尤其是老年人增强体能。

在准备开始着手创建肯綮科技的时候，我知道做机器人是件非常困难的事情。所以创建这家公司前我做了5年的资金储备，计划花5年的时间专注做研发。在开始前自己做了一些研究，知道机器人是机电结合，难度已经非常之大，而做机械动力外骨骼机器人，在机电结合上又加上了与人结合，难度系数相当

于又大了一个数量级。纯机械运动要考虑的因素不多，但一旦与人结合，力量大了不行，小了也不行；运动不顺畅不行，但设备自主性强了也不行。因为有了这些准备，便想瞄准未来 20 年至 30 年，在自己后半生做好一件自己真正想做的事情。

2015 年 1 月我离开了国民技术，3 月创办了肯綮科技，一脚踏入动力机械外骨骼机器人领域，开始为人生下半场的目标奋斗。

第一阶段："小学"，徘徊在生死之间的头两年

公司 2015 年 3 月注册，刚开始的时候，我们只有两个人，在大学城附近租了个两百平米的小房子，2015 年 5 月 15 日招进来第一个员工。和很多其他同行不同，他们在开始做这个事情的时候，是有些基础的，而我完全是从零开始，真真正正、实实在在的门外汉。所以头两年也想明白了，并不急于做出什么。从基础工作开始干起，先摸一下大致是什么样。右图这个看着又丑又笨的原型，是我们在头两年迭代的第四个版本。

头两年陆续只招了五六个人，主要目的就是为了摸一下到底水有多深。整个过程真的是白手起家，因为在机械动力外骨骼领域，找不到任何半成品或可以借鉴的技术。所需的一切知识和技术，都要靠自学，然后通过实验进行验证。

开始的时候也不知道什么叫伺服驱动，也不懂机械，只能重头恶补。重学材料力学、结构力学、机械设计等。最初对产品的结构设计没有把握，常常做出来的完全不是想象的样子。当经历所有这些细节后，我们现在能够精准评估各个零件乃至整个产品的重量、尺寸大小以及承力大小等。

最开始几乎所有的机械零件都是委托定制加工，我们自己没有加工能力，只能画好图纸，交给外协加工厂家，等零件做出来后，如果发现有问题，再返厂修，常常装上后又发现受力和想的不一样……整个过程非常低效。当时才感觉到，原来这些机械的东西，要比自己熟悉的电的东西难得多。机械性能受材料力学性能影响很大，而电受电路逻辑

控制就相对单纯，你只要把逻辑厘清就行。当时唯一能把握的部分，也就是电的部分，设计电路板还比较熟悉。但外骨骼是机电耦合产品，情况比单纯电路复杂得多。这种复杂性，让我在头两年备受打击。

还有伺服驱动系统，开始我们尝试买了几家的产品，试过后发现都不能满足要求。被逼无奈，到第二年的时候决定自己做伺服驱动系统。传感也有同样的问题，没办法找到合适的产品，只能自己想办法做。你想，一个门外汉带着几个新兵，能鼓捣出啥靠谱的东西。所以第一版原型拼凑出来的时候，天哪，站都站不起来，完全失败，感觉白折腾了。第二版原型完成的时候是 2016 年春节过后，解决了不少问题，能勉强站起来，但根本就没法动。到第三版原型才真的能动起来，但动的时候响声巨大跟拖拉机一样，与自己理想的千差万别。

头两年纯粹就是在摸索，我自己内心也不确定能否量产，能否做出个能普及的好产品，就是在交学费，也没有太大收获。自己觉得这条路是条绝路，做出的东西别说增强人的体能，能跟随人动都做不到，做出的机器还没有人动得快。因为现实和理想的巨大差异，整个过程完全没有成就感可言，只有满满的挫败，感觉自己驾驭不了，所以经常在公司的生死之间徘徊，很多次想过要放弃。

这个阶段相当于在读"小学"，左思右想后，我觉得还是应该继续做一些尝试，至少应该达到"大学"水平。

第二阶段："大学"，小步快跑

2017 年 3 月份，我们从大学城搬到现在这个地方，空间大了很多，当时有了十个人左右。虽然经历了很多挫败，但我告诉大家再努力试两年。

为了提高金属结构件的迭代效率，我们商量后，花了 40 多万买了台先进的数控机床。下图是肯綮科技的工程师在操作数控机床加工所需的金属结构件。

在公司不赚钱的情况下，做决定花大钱买这么贵的设备还是很纠结的，但想明白后也释然了，这台设备大大加快了我们金属结构件的生产和迭代速度。第二阶段就这样开始了，那时感觉真正开始进入到做产品的阶段。有了过去的尝试，开始明白产品的灵巧性、及时性和贴身性对用户体验非常重要。结合过去的经验，我们开始向灵巧性方向发力。在这个过程中，我们还陆续买了好几台3D 打印机和缝纫机，这样金属件、电路板、塑料件和织物的问题都可以自己解决了。到 2019 年，经过两年的时间，我们就迭代了差不多 10 多个版本，平均 2~3 个月就可以出一个版本。这两年是我们拼命试错的两年，也正是这两年的疯狂迭代奠定了后来的基础。

外骨骼的机电控制有着非常复杂的算法，当时为了研究这些算法，我们建立了一个庞大的仿真系统，模拟人动态行走，我也花了大量的时间玩这些仿真系统，自己搞算法。我们为设计自己的伺服驱动系统，尝试了好多种先进算法。对经典控制理论和现代控制理论的算法都进行了尝试，最终还是攻克了这个难关，让整个系统变得越来越灵巧。

如何做轻做巧，我们在机械结构和材料上，也做了各种尝试。从镁合金、铝合金到碳纤维。驱动形式也各种尝试，齿轮驱动、蜗杆驱动、拉索驱动等全都尝试过一遍。

为了解决各种复杂问题，常会去搜各种国内外论文，不只是看，还去尝试做。因为前两年摔过很多跤，就能够甄别论文的价值，为解决问题提供思路和参考。就这样大量试错和在不断迭代中痛苦摸索，到 2018 年时候，终于出来了一个版本的原型，感觉已经能拿去给人体验了。带着它参加了 2018 年的高交会，反响还不错。当时的版本已经很轻便了，问题就是助力的力度还是太小，但运动性能还不错，还能跑。2019 年的时候就研究如何加大助力力度，但一加大力度后发现所有结构、系统都要改。改完后，感觉当时的版本基本令人满意，不但助力力度被加大，穿上还能跑，我们也拍了很多视频。

经过这两年半的努力，我们的产品满眼望去，几乎所有的主要问题都已得到解决，就剩几个小问题，如同整个蓝天下仅剩几朵乌云。我当时的感觉就像 1900 年新春，开尔文勋爵在送别旧世纪所作的讲演中讲道："19 世纪已将物理学大厦全部建成，今后物理学家的任务就是修饰、完善这座大厦了。"

2019 年 7 月的时候，产品功能主体感觉都还不错，如右图所示。也能支持小跑，但不能快跑。另外就是产品外观的问题，看着还是比较丑，不漂亮。助力的体验已经有些力量感，但还是不够大，离我设想的还有差距，运动时也还是有点阻碍的感受。我们找了一家医院去做尝试，医生给行动能力弱的病人试穿，反馈效果不错。

截瘫状态的克莱尔·洛玛斯（Claire Lomas）在 2012 年维珍伦敦马拉松比赛中，借助 ReWalk 的机械外骨骼机器人（当时价格约 43000 英镑），用了 17 天时间越过终点线。

这个阶段相当于到了"大学"阶段，实打实地解决了很多问题，产品趋于成熟。最大的成就就是电的部分，也就是伺服部分，做得比较稳定，尝试了各种算法后，找到了一个融合办法，运动控制达到及格水平。因为人体运动非常复杂，还没有任何单一传感器能获得整个人体姿态的准确数据，必须借助多个传感器进行融合检测、运算，而且每个传感器还存在不可靠的问题。传统工业机器人的运动控制也很复杂，需要完成搬运、切割、焊接等，其难度在于精度，运动控制过程程序相对固定；外骨骼面对的人体运动过程几乎是个完全随机的过程，如何让整个机械外骨骼去实时匹配整个人体的复杂运动姿态？如何在不形成障碍的情况下提供必要的助力？

这两年半的"大学"，算是把伺服控制、传感器融合等技术摸清楚了，让我有了不少的信心，当时心里还挺高兴，觉得可以开始在 2020 年着手做量产化准备了。

第三阶段："入市"，产品定位与对极致体验的探索

我觉得我们还是更喜欢做量大面广的消费级产品，而不是做专用设备。消费级产品领域比较领先的一家 Nasdaq 上市公司，一年也就卖几十台设备，上市之初，每股股价一度冲到几百美元，到现在跌到不到 2 美元，而且销量还在逐步减少。后续还有几家海外公司进入这一领域，但状况都不好，我们如果按他们的模式去做，感觉前途渺茫。

2019 年我也有关掉公司的念头，一个是看到医用外骨骼机器人前辈发展不好，另外我们自己花了那么大的心血，产品都已经做到我们的极致，但还感觉穿得不舒服，不那么灵巧。当时就在想，怎么能进一步提高灵活性。人体膝关节其实非常复杂，不是一个简单的单自由度，而是有四个自由度，外骨骼要去完全模拟适应膝关节这么多复杂维度，就很难做到轻巧，怎么做都会带来障碍。然后就思考，能不能做减法，是不是能去掉小腿部分，只给大腿提供助力，支撑借助人体内骨骼即可，这样应该能在运动性能上获得最佳体验。于是就开始尝试做去掉小腿部分的版本。

在做的同时就去查了一下，发现日本本田机器人公司也推出了没有小腿部分的助行器（Walking Assist）。看他们的助力动力性能，扭矩只有 4 牛米，我们的测试版本有几十牛米，相比之下，日本产品这力度小到几乎可以忽略不计，差距好几倍。后来进一步了解，他们这个产品是用于给老年人做运动神经康复的，并非做人体增强。当时觉得所有未来全黑，无路可走，连抄作业都没人可抄了。

2019 年年中决定开个小项目，尝试转型做简化版本。公司当时已经有 20 多个人，团队经过之前四年从"小学"到"大学"阶段的历练，也基本成长起来，现在真正开始进入考试阶段——做产品阶段。

有了团队的给力，我才得以把更多时间放在思考产品本质上。这个简化版的产品，我确定的目标只有一件事，那就是极致轻盈，灵活第一。尤其要灵活，助力无论大小，首先应该做到不能影响使用者的运动，如果将使用者原来的运动破坏了，再强的助力都是障碍。

因为有全腿的外骨骼的经验和产品，做减法相对容易些，几个月后出来一个产品原型，具备一定功能，但从产品角度来看，还是差距挺大的，我怎么看都不像个像样的产品。走线、使用交互体验、外观等细节都还是个功能原型，而且性能不稳定。

然后就请了工业设计师，开始做外观，打磨细节。在轻量化上，我们也下了大功夫，让每个结构件尽量同时承载多个功能。一直到了 2020 年 8 月，才出来真正意义上的产品原型，能用，但穿在身上的感觉还不是很到位。我们觉得产品外观至少像产品了，决定拿出去见见世面。

2020 年 9 月，我们的产品因为优秀的体验，被选中前往北京参加 2020 年中国国际服务贸易交易会（简称"服贸会"如下图所示），这个交易会规格很高，面向全球。我们在展会上提供了开放体验服务，谁来都可以试穿。也正是经过这个展会，让我们开始找到信心和市场。那几天下来真把大伙累坏了，大量的观众进行了体验，给出了很多意

见和感受。其中也有老人家，体验后觉得我们这个产品不错，有前途。助力部分有的人反映力度不够大，有的反映力度过大……

这些反馈，让我觉得当前的产品真正回归了当时创业的初衷——增强人的体能。而且经过这么多人的试用，虽然有些小问题，但总体来说并无大的障碍，第一点"普适"算是做到了。第二点"轻巧"也确实做到了。

服贸会过后，我觉得公司基本迈过研发门槛，该进入下一个阶段了，此时距离我2015年规划的5年研发期，略有几个月的超期。

为来自未来的产品"入市"

服贸会过后，我开始考虑产品前期的推广。因为我们的业务主体不做医疗，如果从普适性出发，需要做很多探索和尝试。所以接下来我花了大部分的时间，带着产品找各行各业的人去体验，去尝试。在这个过程中，根据市场的反馈和需求，对原型进行改进迭代。到现在过去了大半年，逐步形成了几个系列。针对消防、专业市场我们做了一个大力版，让使用者可以在高原上背包负重，或爬山上下楼梯；对康养市场我们也做了一个轻量版本，通过助力帮助老人降低体能消耗、增加行动力；对喜欢爬山的用户和旅游市场，我们也做了一个旅游版本，让登山用户用较少的体能消耗，就可以享受登山的美景和过程体验，这个版本很快会在旅游景点做租赁尝试。目前这几个细分市场已经开始逐步得到认可，开始铺开，2021年会开始放量。我们后面的产品发展路线，将会遵循市场细分领域的需求，进行改进和量产化。

肯繁科技的工程师在调试可负重大力版的原型

现在回想起来，我们真正开始做产品是 2019 年 7 月，而且用的是减法模式，之前都是在做技术积累，多项技术指标做到行业无人能敌。但真正的产品和功能原型机的难度差异至少 10 倍。量产产品要考虑的维度要复杂得多：除了满足基本功能，还要考虑温度适用范围，确保各种温度状况下不会过热；机体在运行过程发出的声音是否足够小；运动控制算法与人体运动的匹配程度，行走过程是否足够顺滑，不能给用户形成干扰；用户与产品的智能交互过程……这些都是技术要解决的基本面。

作为普适性产品，除了功能与技术部分，还要考虑产品如何"入市"的问题，比如可靠性、成本、可加工性、采购渠道、售后服务等。后面真正量产化，还要面临产业链建设的问题。比如大疆无人机的成功，一下带火了一个产业链，

目前盘式电机主要都是在中国生产，因为中国做得最好，甚至国外也开始学我们。对于外骨骼机器人这个领域也是一样，因为它非常轻巧，很多东西不可能用现有的工艺技术做出来，要量产，在现有产业链里找不到成品供应商。有很多零部件的生产工艺，甚至需要我们自己把生产工艺摸清楚后，输出给加工厂家才能完成生产。

例如动力系统，工业界通常都是钢制，我们为了减重，考虑用铝合金做，如何保证加工不变形？需要在结构设计上解决这个问题。再比如这个绑带粘扣，绑带用什么材料，如何塑形，绑带硬度要做到多大，甚至用什么线，线束多大力度才能把它扯开，打什么胶……类似的问题还有很多，只能靠自己去摸索。有了这些工艺和技术，我们的产品可以做到极致轻。通过生产过程管理，我们

现在可以将最终成品的重量差控制在很小范围内。

我们也非常注重普适性产品的可靠性，每台设备出厂都要经过很多道检测。

跨越量产过程中成本、产品长期稳定性等较难的问题之后，我觉得肯綮科技现在真正进入了一个新的阶段，可能我们是全球第一个实现普适型动力机器人外骨骼量产销售的公司，我认为如果出货不达千套，就没有达到真正意义上的量产。公司现在处于第三阶段，这个阶段还有很长的路要走，真正意义的成功，应该是被市场大规模接纳。

感悟

这六年下来，我觉得是团队极致的专注，让肯綮科技跨越了重重技术障碍，实现了从 0 到 1，再到极致轻盈的进化。下面是我的一些心得体会，希望能够对踏上创新产品之路的读者有所启发。

- 小团队要尽可能地提高迭代效率，小步快跑，需要做实物的部分，如果有可能，在真正动手前充分 PK 论证。我们的很多部件设计，在动手前会 PK 10 次以上。
- 创新产品研发踏入的是未知领域，团队作战要避免部门或职能壁垒，突破性创新常常需要非常强的跨界合作才有可能达到理想效果。
- 不要太着急进行产品量产化，尤其是关键技术或体验还不达标的时候。但你可以尽早邀请用户体验原型，获得尽可能多的反馈。
- 保持专注，再强调一下，足够专注。

李荣仲
Petoi & 派拓艺创始人

　　先做一下自我介绍。我叫李荣仲，2006 级南京大学物理系本科，美国维克森林大学物理博士和计算机硕士，毕业后留校任教了两年，教授计算机基础课程和创客实验。与此同时，我在业余时间自学了一点开源硬件，开发了 OpenCat 机器猫。因为这个项目太好玩了，最后欲罢不能，才开了个公司全职创业。对于"可持续发展"，我的理解非常简单，就是在做自己感兴趣的事的同时，为社会创造价值，通过市场的认可引进资源，使自己和项目能够生存下去。

　　按时间顺序，我的故事可分为这几个阶段：1. OpenCat 项目的起源；2. Petoi 公司的创立过程；3. 从原型机到产品的转变；4. 从创客到创业的心路体会。

李荣仲 OpenCat
——从创客到创业的可持续发展

1. OpenCat 项目的起源

我在 2016 年毕业后的暑假，很偶然地接触到了树莓派。我从小就喜欢做机械和电路的实验，也经过一些专业的理论学习，树莓派恰到好处地打通了我的任督二脉，使这两类技能结合起来，从而创造出无限的可能。我记录了程序第一次点亮 LED 灯时对我的"启蒙"：

> 夜闻禽兽想炊烟，斑白胼胝枉瘦田。
> 仙界私厨失圣火，人间春事已燎原。

注：听着窗外夜行动物的叫声，想到了古老的盗火传说。人们一生辛劳，却只能收获很少的粮食。当仙界用来私享美食的火种落到人间，农业就迅速发展起来了。斑白指代老人，胼胝为老茧。春事即春耕之事，燎原指刀耕火种。

做机器猫的想法是在搭建一个超声波扫描云台后萌生的，因为那两个圆形的传感器很像猫的眼睛，而小巧的舵机似乎可以用作关节。当年波士顿动力的机器狗刚刚成为网红，世界上能做出对角小跑步态的四足机器人屈指可数，我只能自己从头设计一套系统。

下图展示了机器猫早期的迭代过程。

我首先是在一个直升机的骨架上搭出原型，然后迁移到雪糕棒骨架上。我带着创作的激情，每天工作十几个小时，睡觉前把猫放在枕头边，誓要把它从我的梦中拉进现实。当时记录的心情是"胸中有楼阁，夜来堆砌缺砖瓦，待旦如枕戈。"从买树莓派入门到木头机器猫满地跑只用了 45 天，在后面的一年内我又进行了七次迭代，用 3D 打印制造出更仿生的形态，实现了各种自平衡步态，引入了多种传感器实现有趣的人机交互模式，下图是 OpenCat 的周年合影。

我当时的设计理念是要用最简洁的

架构来实现尽量多的功能，证明生命的神奇来源于精巧的"设计"而不是性能的堆砌。所以，我会注意用一些通用的元件，比如 3D 打印件、微型舵机、标规的螺丝来制作它的机械结构，并且基于物理直觉对模型进行近似和简化；在控制逻辑上，我用 Arduino 做小脑来控制底层运动，用树莓派做大脑来感知环境，发送高级指令。这是一个很开放的框架，也将作为开源项目发布，所以我叫它 OpenCat。两年后，它已被很多 DIY 的玩家采用，核心的架构和算法都没有大改，可见当时的设计是合理和高效的，也是亲民的。

OpenCat 涉及很多交叉学科的知识，在每个子问题里，都有一个从理论

到实践的过程，比如物理就是数学的实践，编程就是算法的实践，3D 打印就是 CAD 设计的实践：

- 数学、物理
- 算法、编程
- 电子、电路
- 生物、仿生
- 工程、工艺
- 外观设计、计算机建模
- 手模制作、3D 打印
- 人机交互

我们计算机系的系主任很看好这个项目，向教务处申请让我围绕机器猫开设一门课程。系里甚至向我采购了 5 套猫的物料，虽然没赚钱，也算是我的第一笔生意。这门课更深远的意义在于，OpenCat 从个人项目走出了家门，开始探索它的社会价值。下图是 OpenCat 走入美国大学课堂的情形。

2. Petoi 公司的创立过程

机器猫越来越复杂，我需要采购各种元件进行多次的实验，此外还有注册公司、采购、销售等运营事务。我渐渐感觉到了个人力量的有限，必须要获得外界的资源才能继续做下去。首先是厘清知识产权，证明机器猫的研发与我的本职工作无关，同时联系专利律师，起草了一个专利备案，这就花掉了我一半的积蓄。第二步是联系市里的企业家俱乐部，参加创业训练营。我克服内向的性格，向尽量多的人介绍项目，讨论可能的商业模式。几乎所有人都对它感兴趣，但对市场前景表示怀疑，我又没有商科背景的朋友打磨商业计划书，所以早期的参加创业比赛、寻求孵化器、融资的尝试都失败了。

2018 年 1 月我去拉斯维加斯看 CES 展，在展会上给业界人士演示机器猫。有外企给我开出了高价的工资，也有新的加速器让我提交商业计划书。为了获得一些市场反馈，我在 Arduino 和树莓派论坛上发了个帖，问"如果我做出一个微缩的波士顿动力机器人，大家会不会感兴趣和购买？"结果回帖都在质疑我能否做出来，有人说："你想把一家大型机器人公司花了许多年研发出来的高科技的机器人微型化，并且还想把它做便宜，是要靠运气吗？"恰好当时我申请加速器也要提交演示视频，就剪辑了一些研发过程中的片段发到了 YouTube 上，读者可在 https://zhuanlan.zhihu.com/p/69126040 观看。

为了获得最干净的数据，我没有发动亲友团扩散，结果一觉起来就收到了几百个赞，浏览量数字就在眼前不断刷新，邮箱不断收到陌生人来信求购或合作。树莓派杂志、Arduino 官推和 IEEE Spectrum 都发文介绍了 OpenCat，至今 OpenCat 仍然是 Arduino 全球社区点赞量最多的个人项目，视频浏览量达三百多万人次，媒体报道覆盖千万级受众。当时我跟家人打电话说，这事能继续做下去了。

发布视频后的 5 月份，我辞去教职，赌上 3 个月的留美期限和 1 万美元存款，只身前往科技名城匹兹堡，希望能找到合作机构或投资。虽然都没有成功，但我还是幸运地找到了一家开放式工厂，用兼职工作换取他们的工位和签证。我在 6 月找朋友设计第一代主控 PCB，7 月学习激光切割技术，到 8 月就设计出了可量产的机器猫 Nybble（狸宝，见下页图），9 月找专利律师起草专利备案并联系代理准备众筹，10 月提交专利并发起了 Indiegogo 众筹。定价 225 美元，上线一周内就完成了 5 万美元的众筹目标，在 30 天内共筹得 14 万美元。11 月由矽递科技代工的 PCBA 通过了 FCC 和 CE 认证，当年 12 月就开

始发货，到 2020 年 6 月发完了众筹及后续订单。至此，虽然我仍是一个人，但 Petoi 作为公司走完了研、产、销的整个流程并实现了盈利，算是成功打入了滩头堡市场。同时，Petoi 作为率先实现小型四足行走机器人量产化的公司，探出了一条从创客到创业的道路，鼓舞了很多从事类似产品开发并在商业化边缘徘徊的创客和团体。

3. 从原型机到产品的转变

从接到众筹订单到完成量产交付并不是一蹴而就的，需要经过原型机改造、

小批量试产、小规模量产、大规模量产、测试、包装、国际物流和售后服务，每一环都有巨大的不确定性和挑战。另外，产品一旦投放市场，运营的事务就成倍地增加了，技术研发可能都占不到 1/10 的时间。由于硬件产品需要供应链的紧密配合，我在 2019 年 7 月正式回国，入驻深圳柴火创客空间，注册了派拓艺（深圳）科技有限责任公司，开始新一阶段的发展。派拓艺既是 Petoi 的音译，也是"通过树莓派拓展技艺"的意思。

大湾区完善的供应链优势迅速体现了出来，我很快找到了物美价廉的专业

代工厂生产狸宝的主要元器件，自己得以专心进行公司运营和下一代产品的研发。创客产品的市场相对较小，狸宝的持续销售量仅够维持两人团队的工资和基本运营，所以我们迫切需要获取客户，并推出更成熟的产品。2020 年年初，新冠疫情暴发，销售业务停滞不前，我干脆住进供应商的工厂，回归"闭门造车"的节奏。在供应商的资源共享和同乡好友的才智配合下，我定义了一款更加消费级的产品，机器狗 Bittle，如下图所示。按注塑的工艺要求重新设计了骨架，升级了主控板和通信模块，订制了舵机和充电电池，并整理了代码，在 8 月底上线 Kickstarter 众筹，定价 250 美元。有了上次的经验和用户基础，众筹当天就完成了 5 万美元的目标，在 45 天内共卖出近 2000 只 Bittle，筹得 57 万美

元，客户来自 60 多个国家和地区。

　　Bittle 在性能上有了极大的提升，小小的身体里蕴藏着惊人的爆发力，可以疾跑和连续后空翻。在组装体验上也更友好，交互模式更多样，无论是酷玩发烧友，还是科研、教育机构，都能找到兴趣点，Bittle 也入选了柴火创客教育的教具库，并有配套的课程，方便用户学习理解机器人的相关知识。Bittle 还登上了西班牙头牌综艺《蚂蚁窝》，再次证明小众的创客产品也可以出圈，实现更广泛的社会效应。

　　作为面向大众的产品，Bittle 在各方面配置提升的同时，生产要求也更严格，所以在量产早期我们的团队遇到了很大的挑战。好在我们合理安排生产，及时备货、催货，到 2021 年 5 月，我们已基本发完了前期的订单，积累库存，并

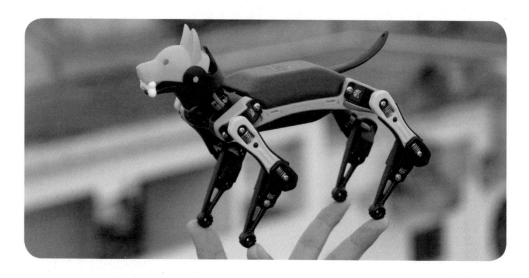

匹兹堡的寒夜

开始积极响应各国代理商的合作请求。看着几百只 Bittle 整整齐齐地码在桌上，我心中万千思绪，多的是对过去几年得失的总结，在此分享给大家。

4. 从创客到创业的心路体会

创业是一个在黑暗中寻找光明甚至燃烧自身的过程，即使有目标也可能会迷失方向，所以在出发前一定要想好此行的动机。比如，创业到底是为了做产品，赚名气，还是单纯挣钱？它们虽然密不可分，也可以相互转化，但作为弄潮的舵手，一定要想清楚自己内心追求的是什么。对于我们创客项目而言，核心的追求是打造有意思的产品，引起市场或资本的兴趣，然后引入新的资源来补全闭环。集齐了这一阶段的要素，项目也就可以上升到新的层次。我们在 2020 年下半年获得了网易创始人丁磊先生领投的天使轮投资，算是资本市场对我们事业的一种认可。我们期待有更多大牛的加入，一起打造世界上从未有过的可爱机器。

打磨产品时要时刻从用户的角度出发。炫技的产品未必好，好的产品并不确保好的销量。在设计时，要多思考如何使产品的功能契合用户的需求；在营销时，要多测试如何把产品的特性有效地传达给用户；在交付时，要多关注产品的质量和用户的反馈。

创客的自我修养就是要坚持学习，保持对于新鲜事物的敏感和好奇心，同时，又要有自己的核心技术，拒绝抄袭。一个人的智慧不够，就集思广益，尤其是生产供应商和市场销售人员的意见，可以很好地补充、校正我们对于项目的理解。最后，有了好的想法一定要坚定地执行下去，"骐骥一跃，不能十步；驽马十驾，功在不舍"。

从创客的字面上看，把创造作为"客"业，和主业相对，是最轻松的状态。从创客到创业，需要从一个单纯的技术人员，转而去了解商务、运营的细节；而随着团队的扩大，又要从个人英雄主义成长为管理者和协作者，发挥每个人的主观能动性和价值。所以在全职创业前一定要做充分的风险评估，对于自己能做到什么、可能失去什么有清晰的认识，如果没有做好心理准备，那最好还是把它当成一个业余项目，这样纯粹、轻松一点。

以创客产品开始创业，服务的用户都是那些一言不合就可以自己做出一套系统的人，所以我们的产品利润率不可能太高。一方面必须不断地优化生产成本，另一方面，要明确项目的独特价值。对用户来说，只有我们的产品能提供这种价值；而对于公司来说，这种价值可以养活并激励整个团队。我们现在的独特价值还主要来自硬件产品，但后面我们会推出更好的软件，比如更好的驱动、更好的交互界面，以及开发教程，最终建立一个社区生态，让每个人都参与到这个项目中来。如果能做到这一点，我们才算是树立了品牌，而这个品牌就是我们最不可替代的价值。

爱迪生曾说过："我们要把电变得无比便宜，以至于只有富人才点蜡烛。"而派拓艺的愿景就是："我们要让机器宠物变得更便宜，让孤独的灵魂都获得陪伴。"

附录

将入门套件拆分

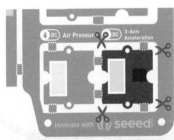

　　如果你已完成课程，则还可以将入门套件拆分为独立模块，用来创建自己的项目。

　　如左图所示，仔细观察入门套件，你会发现每个模块和背板的连接处有 3 个小孔。你需要做的就是使用一对斜口钳从小孔中切割模块周围的 PCB 背板（如左下图所示），全部模块分离后如右下图所示。

特别提醒

一旦拆分，将不可还原。

如下图所示，沿着小孔的外围小心切割，不要切割到小孔（防止内部接线短路从而损坏模块）；如果不小心切到小孔，请用小刀将小孔清理干净，防止短路。

访问本书主页

扫描封底或下方二维码，可以访问本书的主页，可以获得本书和所需相关硬件的购买链接，以及书中设计的源程序及其他所需文件（图纸、源程序）的压缩包。

附录 A
词汇表

Arduino（前言）

一个提供开源的，并易于使用的电子硬件和软件的平台，旨在让任何人都可以制作自己的互动项目。包含硬件（各种型号的 Arduino 板）和软件（Arduino IDE）。

Arduino IDE（前言）

由 Arduino 官方提供的 Arduino IDE 编程工具，并同时提供了 Web 版（通过浏览器编程）和离线版（下载并安装后可脱机使用），用于为 Arduino 硬件编写程序。

Codecraft（前言）

Codecraft 是一款由柴火创客教育自主研发、面向 STEAM 教育领域、适合 6~16 岁青少年进行编程学习的图形化编程软件。用户通过简单地拖曳积木即可编程。除了可以对舞台角色进行编程，还支持多款主流硬件设备接入，实现软硬件结合，让编程学习更有乐趣。

Codecraft 设备助手（前言）

用于 Codecraft 软件在线版本连接硬件的软件包，使用 Codecraft 连接支持硬件编程时，需要先安装并运行设备助手。

Grove（前言）

Grove 是矽递科技设计生产的开源硬件产品系列，系列下的所有模块，都可以通过 4 针的 Grove 接口进行连接。

Grove – IR 红外接收器（第 17 课）

可用于接收红外信号的 Grove 模块，也用于远程控制监测。

Grove 超声波测距传感器（第 19 课）

是一种利用超声波测量距离的超声波传感器。它可以测量的范围是 3~350cm，精度达 2mm。

Grove 加湿器（第 16 课）

是使用 Arduino 快速 DIY 加湿器的理想模块。它具有 Grove 接口，可通过即插即用的方式轻松集成到众多应用程序中。

Grove 迷你无源红外运动传感器（第 18 课）

常用于进行运动检测的电子产品应用，例如防盗系统、访客存在监控、电灯开关和机器人等。

Grove Arduino 入门套件（Grove Beginner Kit for Arduino）（前言）

本书译作"Grove Arduino 入门套件"，简称"入门套件"，是设计精良的 Arduino 入门学习套件之一，无须特别困难的焊接操作和复杂的电路连接，用户可以专注于学习 Arduino 的使用。

I²C（第 7 课）

是内部整合电路的称呼，是一种串行通信总线，使用多主从架构，是飞利浦公司在 20 世纪 80 年代为了让主板、嵌入式系统或手机用以连接低速周边装置而发展的。本书在 Codecraft 软件界面提及此名词时写作"I2C"。

LED（第 1 课）

也叫发光二极管，是一种常用的发光器件，通过电子与空穴复合释放能量发光，它在照明领域应用广泛。发光二极管可高效地将电能转化为光能，在现代社会具有广泛的用途，如照明、平板显示、医疗器件等。

Mixly（第 20 课）

Mixly（米思齐）是一款图形化编程软件。用户可以通过拼接积木块的方式来编写程序。

OLED 显示屏（第 7 课）

是利用有机电致发光二极管制成的显示屏，本书中 Grove Arduino 入门套件里的 OLED 显示屏模块大小为 0.96 英寸，单色（白色），能提供的分辨率为 128 × 64 像素。

PCB（前言）

印制电路板 {Printed circuit boards}，又称印刷电路板。它为电子产品的多个电子元件提供了稳定高效的连接方式。

Processing（前言）

是一种开源编程语言，专门为电子艺术和视觉交互设计而创建，其目的是通过可视化的方式辅助编程教学，并在此基础之上表达数字创意。

Seeed Studio（前言）

矽递科技的英文名称，公司位于深圳，通过提供开源产品和敏捷制造服务，为全球开发人员提供服务。

Seeeduino Lotus（前言）

具有 Grove 端口的 Arduino 兼容板。

"马德堡半球"实验（第 11 课）

1654 年，当时的马德堡市长奥托·冯·格里克于罗马帝国的雷根斯堡（今德国雷根斯堡）进行了著名的"马德堡半球"实验。格里克和助手当众把两个黄铜的半球壳中间垫上橡皮圈，再把两个半球壳灌满水后合在一起，然后把水全部抽出，使球内形成真空；再把气嘴上的龙头拧紧封闭。这时，周围的大气把两个半球紧紧地压在一起。最后两边各用 8 匹马，才将铜半球分开。

按键（第 4 课）

按键是一个简单的"开 / 关"，它具有机械结构，可以使其返回到默认的（关闭）状态。

被动式蜂鸣器（第 6 课）

内部没有振荡源，需要用方波和不同的频率来驱动。它的作用就像一个电磁扬声器，变化的输入信号会自动产生声音，而不是音调。

变量（第 3 课）

在编程中，变量是可以根据条件或传递给程序的信息而改变的值，它用于在程序执行期间跟踪重要事物。

超声波（第19课）

通常人耳可以听到的声音频率为20Hz~20kHz，超出此频率范围的声音不能引起听觉。频率在20kHz以上的声音称为超声波。

产品原型（第15课）

对电子产品来说，产品原型是实现所需电子功能的最简产品形态。产品原型可以让我们用低成本的方式快速地验证创意、功能、产品可行性，为产品的测试、优化、更新迭代提供基础。

程序的"Bug"（第8课）

一位叫葛丽丝·霍波的美国计算机科学家，也是世界上最早的一批程序设计师之一，一天她在调试设备时出现故障，拆开继电器后，发现有只飞蛾被夹扁在触点中间，从而"卡"住了机器的运行。于是，霍波诙谐地把程序故障统称为Bug（飞虫），把排除程序故障叫Debug，而这奇怪的称呼，竟成为后来计算机领域的专业行话。

程序积木（前言）

图形化编程软件（本书特指Codecraft软件）将程序做成了积木的形状，这样用户不必了解复杂的编程环境，可以像搭积木一样组织程序。

串口（第8课）

所谓"串口"就是串行接口。计算机认识的语言是1010这样的数据，我们可以想象这就是一条数据串。

串口波特率（第8课）

"波特率"是数据传输的单位，意思是每秒能传输多少个数据单元。9600意味着每秒传输9600个数据单元。数值越大，数据传输速度就越快，但是波特率越高，在传输/接收数据时出现错误的概率就会越大。

串口监视器与串口图表（第8课）

如果你已确保程序没有问题，但执行的最终结果不是自己预期的，出现这种状况，就可以借助Codecraft提供的"串口监视器"和"串口图表"工具，直接在计算机上显示入门套件模块管脚的值。

串口通信（第8课）

在电子设备之间通信的过程中，数据是一串一串地被发送和接收的，这种通信方式就是串口通信。Arduino控制板与计算机的通信方式就是串口通信，在我的计算机系统中（Windows），串口称为COM、并以COM1、COM2等编号标识不同的串口（上传和连接的时候会提示COM口）。

创客（第15课）

创客是一群酷爱科技、热衷实践的人，他们以分享技术、交流思想为乐，以创客为主体的社区则成了创客文化的载体。

创客文化（第15课）

是一种亚文化，是在大众文化当中产生的变种文化。亚文化通常植根于有独特兴趣且抱有执着信念的人群，创客正是这样的一群人——他们酷爱科技、热衷亲自实践，并且坚信自己动手丰衣足食。

大气压（第11课）

地球的周围被厚厚的空气包围着，这些空气被称为大气层。空气可以像水那样自由流动，同时它也受重力作用。因此空气的内部向各个方向都有压强，这个压强被称为大气压。这个压强其实很大，在接近海平面的地方，这个压强相当于我们顶着76厘米高的水银柱。

电动机（第17课）

又称马达或电动马达，是一种将电能转化成机械能，并可再使用机械能产生动能，用来驱动其他装置的电气设备。大部分的电动机通过磁场和绕组电流，为电动机提供能量。

电流（第2课）

电路中的电流就像管道里的水流。电流以"安培"（Amp 或 A）为单位，简称"安"。

电容式麦克风（第9课）

声波使话筒内的驻极体薄膜振动，导致电容的变化，从而产生与之对应变化的微小电压。这一电压随后被转化成 0~5V 的电压，经过 A/D 转换被数据采集器接收。

电压（第2课）

想象管道在某个时候被堵塞了，只有一点点水通过。障碍物一侧的水压将高于另一侧，两侧之间的压力差等于电压。电压以"伏特"（Volt 或 V）为单位，简称"伏"。

电阻（第2课）

对电流的阻碍物本身就是电阻。电阻以"欧姆"（Ohm 或 Ω）为单位，简称"欧"。

动圈式麦克风（第9课）

工作原理是声音的振动传到麦克风的振膜上，推动里边的磁铁形成变化的电流，这样变化的电流送到后面的声音处理电路进行放大处理。

舵机（第17课）

是一种位置（角度）伺服的驱动器，适用于那些需要角度不断变化并可以保持的控制系统。它们看上去与电动机有点像，但电动机只能控制转动方向和速度，舵机更擅长的是转动角度的控制。

光传感器（第10课）

检测环境的光强度的传感器，注意光传感器值仅反映光强度的近似趋势，它不表示确切的明亮程度。

红外线（第18课）

频率比可见光的红光更低的一段是"红外线"。高于绝对零度（0K，即 -273.15℃）的物体都可以产生红外线。现代物理学称之为热射线。尽管我们看不到红外线，但还是可以感觉到——就像热量一样。物体越热，发射的红外线越多。

开源硬件（前言）

指与自由及开放源代码的软件相同方式设计的计算机和电子硬件。设计者自由开放硬件电路图、材料清单、电路板布局数据等供用户使用和自由创作。

模拟数字转换器（第5课）

在电子产品中，模数转换器是一种将模拟信号（例如，由麦克风拾取的声音或进入数码相机的光）转换为数字信号的系统。

模拟信号（第5课）

是指用连续变化的物理量所表达的信息，如温度、湿度、压力、长度、电流、电压等，通常又把模拟信号称为连续信号，它在一定的时间范围内可以有无限多个不同的取值。在本书使用的入门套件这块板上，引脚标签（A0、A5等）前面带有一个"A"，表示这些引脚可以读取模拟电压。

摩尔斯电码（第6课）

是电信中使用的一种信息表达方法，以电报的发明者塞缪尔·摩尔斯命名。国际摩尔斯电码对26个英文字母 A 到 Z、一些非英文字母、阿拉伯数字以及少量的标点符号和程序信号进行编码。大写和小写字母之间没有区别。每个摩尔斯电码符号由一系列点（·）和划（—）组成。点持续时间是摩尔斯电码传输中时间测量的基本单位。划持续时间是点持续时间的 3 倍。字符中的每个点或划后跟信号缺失的时间，称为空格，等于点持续时间。

欧姆定律（第2课）

有个叫乔治·西蒙·欧姆的德国物理学家发现了著名的欧姆定律，可以帮助大家来计算电压、电流和电阻之间的关系。这个公式会是我们解决电学问题最常用到的公式，电压 = 电流 × 电阻。

气压传感器（第11课）

检测周围大气压数值的传感器。

前庭系统（第13课）

人和动物生活在外界环境中，保持正常的姿势是人和动物进行各种活动的必要条件。正常姿势的维持依赖于前庭系统、视觉器官和本体感觉感受器的协同活动来完成，其中前庭系统的作用最为重要。前庭系统是一种感觉系统，负责为我们的大脑提供有关运动、头部位置和空间方向的信息。

三轴数字加速度计（第13课）

检测传感器在空间三轴 X、Y、Z 加速度数值的传感器。

声音传感器（第9课）

检测环境的声音强度的传感器。

湿度（第12课）

湿度，表示大气干燥

程度的物理量。在一定的温度下，在一定体积的空气里含有的水汽越少，则空气越干燥；水汽越多，则空气越潮湿。空气的干湿程度叫作"湿度"。

数字信号（第5课）

是指在取值上是离散的、不连续的信号。在我们本书使用的入门套件这块板上，引脚标签（D2、D3 等）前面带有一个"D"，表示这些引脚可以读取数字电压。

条件判断（第4课）

是用来判断给定的条件是否满足（比如某个变量的值是否为0），并根据判断的结果决定执行的程序块。

温度（第12课）

是表示物体冷热程度的物理量，微观上来讲是物体分子热运动的剧烈程度。温度是大量分子热运动的集体表现，含有统计意义。分子运动愈快，即温度愈高，物体愈热；分子运动愈慢，即温度愈低，物体愈冷。

温度与湿度传感器
（第12课）

检测周围的温度和湿度值的传感器。

旋转式电位器（第5课）

就是旋钮，在电子产品中常用于调节音量、灯光亮度等。

循环（第3课）

计算机最拿手的事情之一，就是快速完成大量重复性任务。借助编程语言中的"循环"，我们就可以告诉计算机要做哪些重复的事情。

映射功能（第5课）

Codecraft 的运算积木，可以将指定范围的值重新映射到另一个范围，例如将 0~1023 内的值重新映射到 0~255 内。

主动式蜂鸣器（第6课）

内部有一个振荡源，只要接通电源，蜂鸣器就会发出声音。主动式蜂鸣器广泛应用于计算机、打印机、复印机、报警器、电子玩具、汽车电子、电话、定时器等电子产品的发声装置中。

附录 B　知识点索引表

知识点	对应课本	本书页码索引
光	第五章（北师大版，八年级物理上册）	28
色	第五章（北师大版，八年级物理上册）	29
发光	第五章（北师大版，八年级物理上册）	34
电路里的电流	第十一章（北师大版，九年级物理全册）	50
电流的方向	第十一章（北师大版，九年级物理全册）	51
电流、电压和电阻	第十一章（北师大版，九年级物理全册）	51
欧姆定律	第十二章（北师大版，九年级物理全册）	52
编程基础：循环		62
编程基础：变量		64
编程基础：条件判断		72
影响电阻大小的因素	第十二章（北师大版，九年级物理全册）	86
模拟信号与数字信号	第十五章（北师大版，九年级物理全册）	89
模拟数字转换器	第十五章（北师大版，九年级物理全册）	90
摩尔斯电码		98
CRT 显示器	第十六章（北师大版，九年级物理全册）	114
屏幕像素	第五章（北师大版，八年级物理上册）	115
程序的 Bug		126
Debug 的方法		128
串口与串口通信		129
串口监视器与串口图表		130
我们的耳朵是如何听到声音的	第四章（北师大版，八年级物理上册）	140